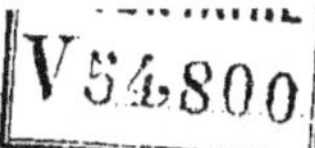

LES ÉMAUX FRANÇAIS

ET

LES ÉMAUX ÉTRANGERS.

MÉMOIRE

EN RÉPONSE A M. LE COMTE F. DE LASTEYRIE,

Lu à la séance de la Société archéologique de Limoges, le 28 novembre 1862 ;

PAR

M. F. DE VERNEILH,

INSPECTEUR DIVISIONNAIRE DE LA SOCIÉTÉ FRANÇAISE D'ARCHÉOLOGIE.

Extrait du Bulletin monumental publié à Caen par M. de Caumont.

CAEN,

CHEZ A. HARDEL, IMPRIMEUR-LIBRAIRE,

Rue Froide, 2.

1863.

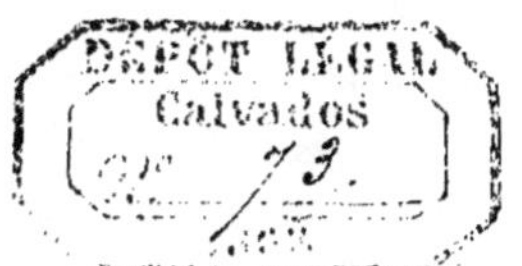
DÉPOT LÉGAL
Calvados

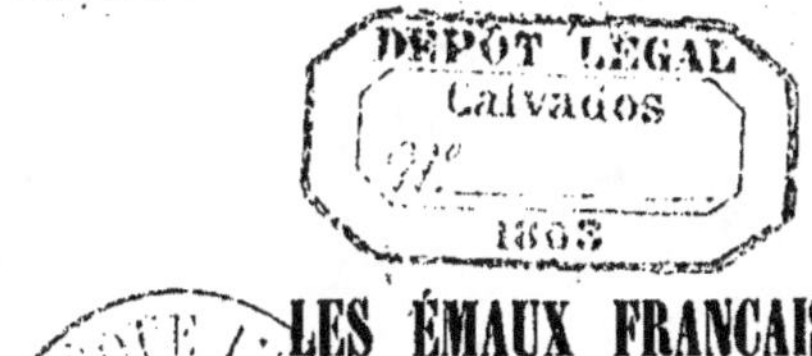

LES ÉMAUX FRANÇAIS

ET

LES ÉMAUX ÉTRANGERS.

MÉMOIRE

EN RÉPONSE A M. LE COMTE F. DE LASTEYRIE,

Lu à la séance de la Société archéologique de Limoges, le 28 novembre 1862;

PAR

M. F. DE VERNEILH,

INSPECTEUR DIVISIONNAIRE DE LA SOCIÉTÉ FRANÇAISE D'ARCHÉOLOGIE.

Extrait du Bulletin monumental publié à Caen par M. de Caumont.

CAEN,

CHEZ A. HARDEL, IMPRIMEUR-LIBRAIRE,

Rue Froide, 2.

1863.

LES ÉMAUX FRANÇAIS

ET

LES ÉMAUX ÉTRANGERS.

MÉMOIRE

EN RÉPONSE A M. LE COMTE F. DE LASTEYRIE,

Lu à la séance de la Société archéologique de Limoges, le 28 novembre 1862.

MESSIEURS,

Lorsque j'ai été amené, de concert avec M. le baron de Quast, à exposer au Congrès de Limoges les idées que M. le comte Ferdinand de Lasteyrie m'a fait l'honneur de venir critiquer devant vous (1), j'étais surtout inspiré par le désir de vous faire connaître de récentes découvertes, encore à peu près ignorées en France, et qui me paraissaient devoir être prises en sérieuse considération par les historiens futurs de cet art des émaux qui a jeté tant d'éclat sur cette ville. J'arrivais d'Allemagne depuis quelques mois à peine, et il me restait bien peu de temps pour me préparer à traiter les questions

(1) Séance du 31 janvier 1862. *Des origines de l'émaillerie limousine*, mémoire en réponse à quelques récentes attaques contre l'ancienneté de cette industrie, publié dans le t. XII du *Bulletin* de la Société archéologique du Limousin et à la librairie de Victor Didron.

posées publiquement par le programme du Congrès. Jusque-là, les émaux m'avaient principalement intéressé par le côté qui touche aux influences byzantines. Je n'avais rien écrit avant la réunion de septembre 1860, et j'étais loin d'avoir lu tout ce qu'il était utile et presque indispensable de connaître sur cette matière.

Si mon savant ami, M. l'abbé Texier, avait encore vécu, j'aurais certainement laissé à sa haute expérience et à sa loyauté le soin de faire une juste part aux émaux d'Allemagne. J'ai cru continuer son œuvre et faire ce qu'il aurait fait lui-même en demandant à M. de Quast des renseignements aussi complets que possible sur les trésors de Cologne, de Trèves, d'Essen, de Brunswick, etc., et en disant franchement toute ma pensée sur l'ancienneté relative de quelques-uns des reliquaires émaillés qu'on y conserve, et sur la rare beauté de quelques autres.

Dans ces conditions, je devais nécessairement omettre beaucoup de choses essentielles. Aussi, depuis le Congrès de Limoges, mon opinion s'est-elle sensiblement modifiée, quoique ce ne soit pas dans le sens que m'indique aujourd'hui M. de Lasteyrie. Je ne l'en remercie pas moins de m'avoir fourni une bonne occasion de compléter et de rectifier ma précédente notice, de façon à pouvoir l'opposer avec plus de confiance à de redoutables adversaires.

S'il est vrai, et je n'y fais aucune opposition, que M. le comte de Laborde soit « l'homme le plus compétent qu'il y « ait en matière d'émaux » (1), je me trouverais à l'autre bout de l'échelle et le moins compétent des connaisseurs, ou, à coup sûr, le dernier venu de tous. Mais cela ne me décourage pas. J'ai du moins, sur M. de Laborde et sur M. de Las-

(1) *Bulletin de la Société archéologique du Limousin*, t. XII, 2e. livr. de 1862, p. 102.

teyrie, l'avantage d'avoir vu une grande quantité d'émaux byzantins et d'émaux allemands ainsi que d'émaux français, avant de prendre parti dans la discussion. Je me flatte donc d'y avoir apporté un esprit plus libre de préventions et assez exercé cependant aux problèmes archéologiques de ce genre.

Du reste, il ne s'agit pas d'être cru sur parole, mais de donner des preuves. Je reprends donc mon système en le rectifiant, afin que le public impartial puisse l'envisager dans son ensemble et décider après s'il ne résiste pas mieux aux objections que celui de M. de Lasteyrie.

Négligeons les premiers essais tentés par les Égyptiens, dans la haute antiquité, pour commencer l'histoire de l'émaillerie avec le texte célèbre de Philostrate. Cet érudit en parle comme d'une chose toute nouvelle et inconnue à l'art romain. Mais il ne savait pas encore au juste où se faisaient les émaux sur cuivre, ni comment ils se faisaient. En effet, il avance que les couleurs étaient disposées sur l'airain brûlant, de façon néanmoins à conserver leur dessin. Or, elles se posent à froid et sont fixées ensuite par un feu précisément assez vif pour fondre le verre sans fondre le cuivre. Si nos modernes émailleurs s'avisaient de prendre à la lettre les indications de Philostrate, assurément ils ne feraient rien qui vaille.

Ces émaux impossibles étaient fabriqués, nous dit-on, par les barbares de l'Océan, et M. de Lasteyrie nous rappelle, à ce sujet, que les peuples barbares avaient leurs noms particuliers comme ceux de l'Empire. Cela est vrai : on ne les a pas désignés plus clairement, parce qu'on n'en savait pas davantage. Si l'on nous montrait, par d'autres textes de Philostrate ou de ses contemporains, que l'on traitait couramment de barbares les populations civilisées de la Gaule, et que la capitale des Lémoviques était considérée comme voisine de la mer, je comprendrais qu'on vînt nous dire ensuite que ce même Philostrate, à propos d'émaux, a pu vouloir désigner le

Limousin entre tant d'autres régions plus barbares et plus voisines de l'Océan. Ce serait seulement peu probable ; car, de ce qu'une chose n'est pas tout-à-fait impossible, il ne s'ensuit pas pour cela qu'elle soit démontrée. Mais, jusqu'à nouveaux renseignements, le fait dont s'autorise M. de Lasteyrie ne me paraît ni probable, à un degré quelconque, ni possible.

Maintenant quels étaient les véritables inventeurs de l'émail ? Des Celtes, si l'on veut, mais des Celtes barbares, ceux de la Bretagne, du pays de Galles, de l'Écosse ou de l'Irlande. Tel est, du moins, le sens naturel du texte de Philostrate. Les Germains qui bordaient aussi l'Océan, quoi qu'on en dise; car si j'ouvre une carte du monde romain, j'y distingue l'océan Atlantique, l'océan Britannique, l'océan Germanique, et tout cela c'est pour moi l'Océan : de sorte que si j'ai réellement commis un *lapsus calami*, comme on me le reproche, je l'aggrave en y persévérant ; — les Germains, dis-je, auraient moins de titres à faire valoir, s'il est vrai qu'on ne trouve en Allemagne, et notamment sur les côtes de la Frise, aucun spécimen de l'émaillerie primitive. M. de Laborde disait seulement que les découvertes de ce genre étaient très-rares au-delà du Rhin. Mais M. de Quast, dont M. de Lasteyrie ne récusera pas cette fois le témoignage, m'écrit qu'il n'en connaît aucune absolument.

En définitive, cela est sans importance, car personne ne prétend rattacher directement les émaux d'Allemagne du Xe. et du XIe. siècle aux émaux barbares. Au contraire, on s'accorde à faire dériver de Byzance l'École allemande des bords du Rhin, et M. de Lasteyrie lui-même n'est pas d'un autre avis.

Quant à la première découverte, toutes les chances resteraient aux Iles-Britanniques où les émaux antiques sont incontestablement plus abondants que partout ailleurs. Ces contrées, qui produisaient le cuivre en grande quantité, auront commencé les premières à le décorer d'incrustations en émail. Ainsi, j'ai vu récemment au musée d'York huit émaux primitifs, trouvés dans la même sépulture et qui paraissent avoir appartenu à un personnage de l'époque romaine. Le *Bristish Museum* conserve aussi neuf fibules, bagues et autres objets analogues, tous émaillés, qui ont été découverts ensemble à Early-Heath (Surrey). Une autre trouvaille moins abondante, et dont la même collection a profité, a été faite à Kerby (Westmoreland). A Londres même, on a trouvé, dans les boues conservatrices de la Tamise, un beau bouclier incrusté d'émail rouge et une pièce singulière, la plus importante qu'offre jusqu'à présent l'émaillerie primitive. Je ne saurais en préciser l'usage, à moins que ce ne soit un ex-voto ou une hache de sacrifice. Elle a la forme générale et les dimensions d'une grande hache celtique; elle s'aiguise même au sommet qui est sensiblement évasé; mais il n'y a pas de traces d'un manche. Elle est entièrement couverte d'ornements émaillés très-finis et vraiment élégants. On y voit tantôt des lions, tantôt des griffons affrontés devant des vases. On y distingue aussi un fronton. En un mot, l'influence des arts romains s'y fait nettement sentir, quoique le fond de cette ornementation reste indigène et breton. C'est le seul spécimen de l'émaillerie primitive qui donne lieu à pareille observation, et il n'est pas moins remarquable à d'autres points de vue par l'harmonie et la variété des couleurs, par la grâce des rinceaux et la bonne conservation de l'émail.

Je néglige quantité d'autres émaux primitifs trouvés aussi en Angleterre; mais c'en est assez pour conclure. — Lorsque les produits d'un art mystérieux s'offrent si multipliés et se groupent de cette manière, il est évident que l'on approche des points de fabrication et des ateliers principaux. Cela ne veut pas dire que ces ateliers ne se sont pas déplacés. Ils ont pu, par exemple, depuis Philostrate, passer des Bretons barbares aux Bretons gouvernés par les Romains; mais ils ont dû rester à l'écart des grands centres de la civilisation et de l'art antiques.

On trouve aussi en France des émaux primitifs. Selon M. de Lasteyrie lui-même, il y en a « quelques-uns » seulement en Limousin, tandis qu'on en possède « beaucoup » en Angleterre et « un bon nombre » dans les provinces françaises qui bordent la Manche. Il y a donc, pour tout le Limousin, une ou deux fibules grossièrement émaillées : il y a surtout le vase de La Guierce. J'aurais dû en parler au Congrès de Limoges, car je possédais, grâce à l'obligeance de M. Maurice Ardant, la brochure où il est dessiné et décrit, et je l'avais lue à son apparition avec l'intérêt qu'excitent toutes les œuvres de notre digne vice-président (1). Mais il y avait de cela cinq ou six ans; je ne m'étais guère occupé d'émaux dans l'intervalle, et le fait, aussi important qu'il puisse sembler aujourd'hui, n'avait pas laissé de traces dans ma mémoire. C'est M. le comte Alexis de Chasteigner qui me l'a rappelé, peu de temps après le Congrès, et bientôt nous eûmes l'occasion de demander ensemble de nouveaux détails sur le trésor de la Guierce à M. de Chassay qui en a acquis une partie. Le vase émaillé, lorsqu'il a été déterré au village de La Guierce, commune de Pressignac, non loin de Chassenon, sur les anciennes limites du Limousin et de l'Angoumois, était réellement rempli de monnaies romaines de petit-bronze et accompagné de bijoux et d'ustensiles évidemment romains. On l'offrit alors à M. de Chassay, au prix de cinquante francs, ce qui exclut toute idée de falsification, et M. John Bolle, d'Angoulême, dont la famille le possède encore, l'a acheté pour cette somme. On n'a malheureusement pas examiné toutes les pièces qu'il renfermait;

(1) *Émailleurs et émaillerie de Limoges*, in-12, 1855, p. 8.

mais M. Maurice Ardant en a vu une assez grande quantité pour qu'il soit extrêmement probable que le trésor avait été enfoui avant la fin du IIIe. siècle, pendant les désordres qui marquèrent la chute de Tétricus et l'avènement de Probus. Au moins, les nombreuses médailles envoyées à M. Ardant ont-elles toutes été frappées de 253 à 270 ; et il en est de même de celles que M. de Chassay a bien voulu me donner.

Ainsi le vase de La Guierce est positivement de l'époque romaine, et il est non moins positivement analogue par la physionomie générale, par le procédé de fabrication, par l'usage domestique auquel il était destiné, à ces « œuvres de Limoges » que le commerce répandait partout au XIIIe. siècle. Mais s'il a appartenu à un Gallo-Romain, est-il bien de fabrication gallo-romaine ? — A défaut de figures, je désirerais, pour lui reconnaître ce caractère, ou des rinceaux, ou des grecques, ou des palmettes, en un mot quelqu'un de ces nombreux motifs dont se parent habituellement nos plus modestes poteries du IIIe. siècle. Au lieu de cela, je ne vois qu'un dessin barbare et tel que pourraient encore le tracer des artistes de la Nouvelle-Zélande.

N'oublions pas que les productions de ce genre deviennent facilement un objet de négoce et que, par conséquent, le vase de La Guierce a pu être fabriqué au loin par des barbares et être recherché par des Romains pour son aspect original, pour son bas prix, pour l'harmonie et l'éclat de ses grossières enluminures, comme on recherche à présent ces bols russes en bois peint et doré, tels que j'en vois sur ma table de travail.

Si l'on aime mieux croire que la décadence des arts du dessin était déjà aussi avancée sous Tétricus, au moins dans quelques villes secondaires des Gaules, qu'elle le fut plus tard sous les Mérovingiens ; si l'on admet que le vase de La Guierce a été fait à Limoges par cela seul qu'il a été trouvé à quinze lieues de cette ville, il conviendra, je pense, de procéder de la même manière à l'égard d'autres objets parfaitement analogues découverts sur d'autres points de l'Europe, par exemple pour les émaux de Londres qui ont une valeur artistique bien plus grande, et pour le vase d'Ambleteuse qui est au moins l'équivalent de celui de La Guierce. Si ce dernier suffit à prouver l'existence d'une fabrique d'émaux à Limoges (1) pendant le IIIe. siècle, le vase qui a été trouvé, comme je le disais, à Ambleteuse, sur les côtes du Pas-de-Calais et dont le Musée Britannique a fait l'acquisition, prouve aussi qu'il a existé une école d'émaillerie gallo-romaine à Arras. Sans doute, les émaux incrustés de ce vase d'Ambleteuse sont en très-mauvais état; mais on les reconnaît avec certitude. A cela près, il vaut mieux que celui de La Guierce, car il est plus élégant, sinon plus romain.

Bretons ou gaulois, les émaux primitifs n'étaient pas encore parvenus jusqu'à Philostrate, car il en parle par ouï-dire. Il faut le bien constater (φασι τους εν Οκέανω Βαρβαρους). Le commerce commençait à peine à introduire dans les États soumis à Septime-Sévère quelques productions de l'émaillerie naissante : ce qui explique le vague et la flagrante inexactitude des renseignements recueillis à cette époque. Mais déjà ces œuvres grossières attiraient à bon droit l'attention des Romains. Il y avait là un germe fécond qui devait se développer tôt ou tard. Cependant, à en juger par les monuments, il ne paraît pas que les progrès de l'émaillerie aient été bien sensibles ailleurs qu'en Angleterre.

Quand les Byzantins se mirent à leur tour à faire des émaux,

(1) M. Maurice Ardant disait du vase de La Guierce, p. 8 de sa brochure : « Je n'ose l'attribuer précisément aux ouvriers de Limoges »; et, en effet, rien n'est plus douteux que cette attribution dont M. de Lasteyrie fait la base de son système.

ce fut avec un bien autre succès. Dès le IXe. et probablement dès le VIe. siècle, ils ont représenté, par ce procédé, les sujets les plus compliqués et obtenu, au dire des historiens, des effets de décoration tout-à-fait remarquables. Ils ont certainement créé les émaux du genre le plus parfait. Ce sont les émaux cloisonnés à fond d'or ou de vermeil qui ne laissent rien à désirer, ni pour la finesse, ni pour l'éclat, ni pour la durée. Ils n'ont qu'un tort, mais un seul, celui de ne convenir qu'aux riches.

Les artistes byzantins ont-ils mis à profit, pour cette création, les émaux incrustés sur fond de cuivre d'origine barbare ou bretonne? Cela n'aurait rien d'invraisemblable. Le progrès conduit naturellement, des émaux champlevés aux émaux cloisonnés, comme les besoins d'économie ramènent des émaux cloisonnés aux émaux champlevés. Peut-être aussi les premiers émailleurs byzantins se sont-ils inspirés surtout des mosaïques à fond d'or qui tapissaient leurs églises. Pour la matière employée comme pour l'aspect, l'analogie est grande en effet, et l'on pourrait dire sans paradoxe qu'un émail cloisonné n'est autre chose qu'une mosaïque en miniature fixée par le feu et adaptée à l'orfévrerie. Les émaux, comme les mosaïques, ne sont que des verres de couleur, avec une légère addition d'étain qui les rend opaques, mais qui n'est pas toujours faite.

Pour la première fois les Byzantins ont fait de l'émaillerie un art qu'ils exercent avec la même supériorité au XIIe., au XIe. et au Xe. siècle. Déjà, sous Justinien, des pierres précieuses *liquéfiées* tenaient, dit-on, une place considérable dans l'ornementation de la table d'autel de Ste.-Sophie; et, comme des pierres précieuses ne sauraient se fondre, il s'agit nécessairement ici de la matière dont on fait les fausses pierreries, c'est-à-dire de véritables émaux. D'ailleurs, il existe dans le trésor de St.-Marc un tableau en vermeil, décoré d'émaux cloisonnés d'une finesse exquise, qui porte le nom de l'empereur Justinien ; et, en admettant qu'il s'agisse de Justinien II, cela reporte encore l'exécution de ce monument à la fin du VIIe. ou au commencement du VIIIe. siècle. De même, une couronne votive, conservée à St.-Marc et ornée de médaillons émaillés, est signée de l'empereur Léon-le-Philosophe, dans la seconde moitié du IXe. siècle. En ne comptant pour rien ces deux monuments révélés depuis peu par M. Julien Durand dans sa description si savante et si complète des trésors de Venise (1), ni l'Allemagne, ni le Limousin (je ne parle plus de l'Angleterre) n'ont rien à comparer, en 1105, à la *Pala-d'Oro* de St.-Marc ; en 1078, à la couronne royale de Hongrie, don de l'empereur grec Michel Ducas ; en 959, au splendide reliquaire de Limburg, œuvre authentique s'il en fut jamais, qui date du règne de Constantin-Porphyrogénète et de Romain, son fils.

Ces émaux du Xe. siècle, faits, il est vrai, pour la plus haute destination, c'est-à-dire pour renfermer le bois de la vraie croix et pour rester dans le palais impérial, sont déjà si excellents, si parfaits même, qu'ils supposent un long exercice de l'émaillerie, à bien plus forte raison que les premiers émaux limousins connus au XIIe. siècle.

Du reste, si les émailleurs byzantins ont parfois envoyé des produits de leur art dans les autres régions de l'Europe chrétienne, comme on vient d'en avoir pour la Hongrie un éclatant exemple ; si leurs exportations ont eu pour effet naturel de déterminer ou d'activer le progrès de l'émaillerie, il faut bien se garder de leur attribuer un monopole quelconque : pas plus que les Limousins, ils n'y sauraient prétendre, même en fait d'émaux cloisonnés.

(1) *Annales archéologiques*, 1860 et 1861. Quatre articles publiés à part chez V. Didron.

Au contraire, les émaux chrétiens primitifs se montrent sur des points si divers, à des dates si reculées, et le plus souvent avec de tels caractères d'incorrection et de rudesse qu'ils paraissent bien plutôt les produits spontanés de ces germes répandus partout par les émaux barbares ou romains.

M. de Lasteyrie croyait avoir prouvé que l'anneau d'Alfred-le-Grand est de provenance byzantine; mais j'imagine que cette preuve lui semble insuffisante depuis son dernier voyage en Angleterre, où il a dû voir, ainsi que moi, beaucoup d'autres émaux cloisonnés qui peuvent passer, avec toute sorte de raisons, pour des produits de l'art saxon. Il y a notamment un autre anneau, celui d'Ethelwulf (859), conservé au Musée Britannique. Il y a surtout, dans la même collection, deux larges fibules en émail cloisonné d'or, dont l'une représente un personnage à mi-corps, aussi grossier de dessin, aussi barbare, aussi saxon que possible. Le catalogue se contente de la qualifier de *possibily anglo-saxon ;* mais si cette fibule, trouvée en Angleterre et qui remonte au XIe. siècle pour le moins, n'est pas saxonne, je ne sais pas trop ce qu'elle peut être. J'ai vu assez d'émaux byzantins et d'ouvrages byzantins de toute espèce pour affirmer, avec confiance, qu'elle n'a pas été faite par un Grec. D'ailleurs, n'y a-t-il pas au musée Ashmoléien d'Oxford un autre émail cloisonné, sorte de pomme de sceptre, connue sous le nom de bijou d'Alfred et qui porte, en toutes lettres : ALFREDVS ME FECIT ?

Je trouverais dans les émaux d'Irlande, exposés en si grand nombre à South-Kensigton, une autre preuve que les émaux bretons se sont perpétués sans le secours de Bzyance. Il est difficile de préciser à quelle date remontent les plus anciens, mais ils existent à une époque où l'art irlandais s'abstient rigoureusement, même en architecture, de toute imitation étrangère, ou, si l'on veut, de tout détail roman. Ces émaux d'Irlande, encadrés par des entrelacs que l'on nomme runiques, sont du reste jusqu'au XIIe. siècle d'un aspect tout particulier. Les couleurs ne sont point séparées par des filets de métal, réservés ou rapportés ; elles sont juxtà-posées comme dans une mosaïque dont les cubes auraient été soudés par le feu.

Sans doute, dans tous ces ouvrages saxons et irlandais, l'émail ne produit pas des effets comparables à ceux qu'on obtient à Byzance ; mais, relativement à la dimension de certaines pièces, il joue un rôle aussi important.

Des sujets émaillés entièrement analogues, par la conception générale et par le procédé d'exécution, aux émaux de Constantinople apparaissent bientôt, non pas précisément en Italie où M. de Laborde assure (1) que les Grecs les ont introduits, sans qu'ils aient pénétré plus loin, mais sur les bords du Rhin et dans la France centrale. Inutile de dire que ce sont des émaux cloisonnés. Ceux d'Allemagne sont bien connus depuis quelques années, grâce à M. Labarte et à M. de Quast.

Les belles recherches de M. A. Darcel sur le trésor de Conques ont révélé l'existence des autres. Ces derniers, dont on ne parle pas et dont je ne m'étais pas souvenu moi-même en 1859, sont cependant du plus grand intérêt pour moi ; car ils démentent radicalement, sur un point essentiel, les allégations de mon savant contradicteur, en justifiant tout-à-fait les miennes.

En présence de ces découvertes successives qui modifient si profondément l'état de la question, M. de Laborde et M. de Lasteyrie pourront s'en tenir à dire que les émaux cloisonnés, en quelque endroit, sous quelque forme, et en si grande quantité qu'on les rencontre, sont tous de fabrication byzantine. — C'est un reste vivace de ce vieux préjugé qui attribuait tout aux Byzantins, jusqu'au portail royal de Chartres. On y a renoncé faute de preuves, pour l'architecture, la sculpture et

(1) Notice des émaux du Louvre.

la peinture ; on finira bien aussi par y renoncer pour les émaux. — Discutons-le en attendant. — Donc, tous les émaux cloisonnés seraient d'origine byzantine : d'origine indirecte, c'est possible, quoique bien douteux parfois ; mais pour l'origine directe, dont il s'agit ici, c'est autre chose.

Je ne sais s'il y a jamais eu des émailleurs grecs établis en Allemagne, ainsi que l'admet hypothétiquement M. de Quast ; mais je suis parfaitement d'accord avec lui, et, je l'espère, avec tous ceux qui se donneront la peine d'aller étudier sur les lieux les monuments originaux, pour déclarer que les trois croix d'Essen « restent loin de la délicatesse de dessin et de la vivacité de couleurs qui distinguent les émaux byzantins. » Bien plus, le caractère même de ce dessin offre toute la naïveté, toute la gaucherie, toute la rudesse que l'on est en droit d'attendre, à cette époque, d'artistes germaniques, et que des artistes grecs n'auraient point. D'ailleurs, les costumes sont allemands, comme l'iconographie. Enfin, les inscriptions sont en latin et les lettres romaines.

Une fois seulement, pour l'évangéliaire, à couverture émaillée, donné à la cathédrale de Bamberg par l'empereur Henri II (1002-1024), les inscriptions sont en grec, mais incorrectes : on y lit, par exemple, Παυϐλος pour Παυλος. Nos artistes occidentaux n'écrivent en grec que le nom du Christ, quelquefois celui de la Sainte-Vierge. L'influence byzantine est donc ici plus forte qu'à l'ordinaire, et il en est un peu de même dans une autre œuvre de l'empereur Henri, le fameux rétable de Bâle, où des mots grecs se trouvent mêlés de la façon la plus singulière à des inscriptions latines. Néanmoins le dessin des figures de l'évangéliaire de Bamberg est très-grossier, et M. de Quast juge qu'il a été tracé par des Allemands.

Mais, quant aux croix d'Essen, il n'y a réellement de byzantin que le procédé d'exécution ; et un simple modèle, à défaut de maître, pouvait très-bien l'enseigner à des gens qui savaient déjà tant bien que mal teindre le verre et travailler l'or.

M. de Lasteyrie se plaint donc mal à propos de ce qu'on en est réduit à une simple affirmation de M. de Quast pour établir que les Allemands, au temps de Théophanie, ont fait des émaux analogues à ceux de Byzance. Même pour l'étui du bâton de saint Pierre, que l'on cite en première ligne, parce qu'il est daté de 980, M. de Quast avait eu soin d'expliquer que les émaux de ce reliquaire, très-inférieurs de tout point aux vrais émaux byzantins que renferme aussi le trésor de Limburg, ont été faits pour un besoin imprévu, pour une destination tout-à-fait spéciale, comme l'atteste une longue inscription latine. — Que désirer de plus, à moins que ce ne soit une série de bonnes gravures dont nous ne serons pas long-temps privés sans doute, grâce au zèle et à l'activité des antiquaires allemands?

Ces gravures existent pour les émaux cloisonnés de Conques et elles sont excellentes, comme l'exactitude bien connue des dessins de M. Darcel permettait de les faire. Elles se trouvent non-seulement dans le livre publié par ce savant (1), mais dans les *Annales archéologiques* (2).

Comment M. de Lasteyrie ne les connaît-il pas? Et, s'il les connaît, comment y voit-il, avec cette évidence qui dispense de toute discussion, des émaux byzantins faits par des Grecs et en Orient?

Presque tout le trésor de Conques est l'œuvre de l'abbé Bégon (1199-1118) qui, au dire des Chroniques, *reliquias in auro posuit*, et qui d'ailleurs a prodigué sur les reliquaires de l'abbaye les inscriptions à son nom : — *Me fierit jussit Bego clemens cui Dominus sit.—Abbas sanctorum Bego partes.....—Abbas formavit Bego reliquiasque lo*[*cavit*].—Ces derniers mots se lisent sur la tranche d'un reliquaire singulier connu

(1) *Trésor de Conques*, in-4°. de 80 page, avec 15 planches et plusieurs gravures sur bois, Paris, 1861, librairie de Victor Didron.

(2) *Annales archéologiques*, vol. XVI et XIX.

sous le nom d'A de Charlemagne. Il a en effet la forme d'un A majuscule, et, sauf la traverse en pièces de rapport qui est venue postérieurement réunir et consolider ses deux jambages, il paraît complètement homogène.

Malgré les doutes qui se sont élevés à ce sujet, quelle apparence y a-t-il que le revêtement primitif, si bien conservé sur la face antérieure et sur la face postérieure, se fût perdu en entier sur la tranche des jambages ; et qu'il se soit trouvé à point nommé, pour le remplacer, une inscription de rebut, ni trop large, ni trop étroite entre ses bordures de grenetis ? D'ailleurs, le même ornement quadrillé, qui se voit sur toute la tranche intérieure et autour de la tête de l'A, se retrouve identique sur un reliquaire de la vraie croix, œuvre incontestée de l'abbé Bégon. Puis, l'inscription est complète d'un côté, sauf les cinq dernières lettres que l'on restitue aisément, et, avec ces cinq lettres, elle remplit exactement le jambage de droite ; enfin, elle forme un seul vers d'un sens parfaitement clair. — De l'autre côté, l'inscription se continuait avec les mêmes caractères et présentait un second vers, seulement elle est plus endommagée. Elle a perdu ses bordures et est tronquée au commencement et à la fin. Tous ces reliquaires de Conques sont usés et parfois rapiécés comme des habits de mendiant, tant les feuilles d'or dont ils étaient couverts sont minces et se détachent facilement. Néanmoins, on comprend que la deuxième partie de l'inscription donnait l'indication de la relique renfermée dans la tête de l'A. On entrevoit même de quelle relique il était question.

Malgré la tradition pittoresque d'après laquelle Charlemagne aurait envoyé vingt-deux reliquaires affectant chacun la forme d'une des lettres de l'alphabet à autant d'abbayes fondées par ses soins, en réservant la première au monastère de Conques ; malgré le bon goût relatif des filigranes de l'A, et peut-être à cause de ce bon goût, M. Darcel ne devrait donc pas hésiter, comme il le fait, à rendre ce reliquaire à son véritable donateur et à le réunir à toutes les autres œuvres de l'abbé Bégon. Comment nulle abbaye ne revendique-t-elle la lettre B ou une lettre quelconque de cet alphabet carlovingien ? La tradition n'a d'autre fondement que la forme originale du reliquaire et le désir de glorifier l'abbaye de Conques ; et le *Liber mirabilis*, qui l'a recueillie étourdiment vers la fin du moyen-âge, ne mérite sous tous les rapports qu'une confiance très-limitée.

Or, pendant qu'au sommet de l'A une lentille de cristal, destinée à laisser voir la relique, est enchâssée sur la face antérieure, un large médaillon décoré d'émaux cloisonnés garnit la face postérieure.

A la vérité, ce sont de ces *chatons* que l'Empire d'Orient, selon M. de Lasteyrie, était en possession de fournir à l'Allemagne et dont « il inondait l'Europe occidentale. » Mais n'y a-t-il pas là une de ces affirmations sans preuves que l'on ne doit passer ni à M. de Quast, ni à personne ? — Ce qui est positif, c'est que les émailleurs de Constantinople, à en juger par leurs œuvres authentiques, n'employaient guère pour leur propre compte cette marchandise réservée à l'exportation. Il n'est pas moins certain que Théophile divulguait minutieusement l'art de la fabriquer et de la disposer :

Deinde percute aurum gracile et longum et trahe indè fila... tolle quoque fila subtilia... deinde subtili forcipe complicabis et formabis opus quodcumque volueris in electris facere, sive circulos, sive aves, sive bestias, sive imagines (1).

« Tu battras et tu étireras de l'or de manière à le convertir « en fils », dit Théophile, « ensuite tu prendras les plus fins de « ces fils, et ton outil subtil s'en servira pour dessiner tout

(1) Manuel de tous les arts.

« ce que tu voudras exécuter en émail, soit des cercles, soit « des oiseaux, soit des bêtes, soit des images humaines. »

Voilà bien tout le secret des chatons et des émaux cloisonnés, car si M. de Lasteyrie a nettement prouvé contre M. Labarte (1) que le mot *electrum* signifiait anciennement un alliage d'or et d'argent, tout le monde reconnaît qu'au temps de Théophile on l'appliquait seulement aux émaux.

Maintenant Théophile écrivait-il vers la fin du XIIe. siècle et en Allemagne, comme ses derniers éditeurs, M. Guichard, M. le comte de L'Escalopier, et après eux M. l'abbé Texier, en ont donné d'assez bonnes raisons? Était-ce au contraire au Xe. siècle et en Italie, ainsi que M. de Lasteyrie se propose de le démontrer un jour? Cela est ici sans intérêt (2), car plus tôt a été donné cet enseignement et plus il a eu de chances de se répandre partout.

Au surplus, il n'y a pas seulement des chatons émaillés dans le trésor de Conques, mais aussi des émaux à personnages. Il s'y trouve deux autels portatifs : l'un daté de 1100 et décoré de nielles, qui n'étonnent guère moins que des émaux ;

(1) Dissertation sur l'*electrum*.

(2) Cette question est, d'ailleurs, très-intéressante par elle-même. Les chapitres relatifs à l'architecture, qui auraient levé tous les doutes, manquent malheureusement aux manuscrits qui se sont conservés jusqu'à nous. Mais Théophile, en distribuant les spécialités à chaque nation de manière à réserver la meilleure part à l'Allemagne, attribue à la Toscane une certaine supériorité en fait d'émaux et de nielles. Pour les nielles, la Toscane y a réellement excellé, et c'est un de ses orfèvres qui en a tiré l'art de la gravure. Pour les émaux, dans ce pays où tout se conserve, on n'en connaît d'aucune espèce jusqu'à la seconde moitié du XIIIe. siècle ; alors seulement les orfèvres de Sienne se distinguent par leurs émaux translucides sur reliefs. Il ne me paraît pas impossible que Théophile, s'il écrivait en Allemagne, ait résumé l'art roman dans un siècle gothique, c'est-à-dire en plein XIIIe. siècle ; c'est, du moins, le temps des autres grandes encyclopédies du moyen-âge.

l'autre sans date, mais de même style que les nombreux ouvrages signés par Bégon. Sur le premier, sainte Foy, patronne de Conques, figure à la gauche du Christ comme la Vierge à sa droite. Viennent ensuite sainte Cécile, saint Vincent, et, en dernier lieu, les apôtres et les évangélistes parmi lesquels prennent place saint Étienne et saint Caprais, patrons de l'ancienne et de la nouvelle cathédrale d'Agen. Sainte Foy, dont les reliques avaient aussi été possédées par la ville d'Agen avant d'être transférées à Conques, sainte Foy porte le même costume et les mêmes attributs que la Sainte-Vierge, notamment une couronne triangulaire sur laquelle je reviendrai tout à l'heure.

Sur le second autel portatif, le Christ est au sommet et l'Agneau divin au bas de l'encadrement ; les symboles des évangélistes aux quatre angles. A droite, par rapport au Christ, sainte Foy avec cette inscription S. FIDES. A gauche, la Sainte-Vierge avec l'inscription S. MARIA. Au-dessous, deux saints inconnus, probablement les saints de l'Agenais. Dans les intervalles, de petits chatons émaillés alternent avec des pierreries, conformément aux prescriptions de Théophile. L'un d'eux offre identiquement le même motif que cinq des chatons de l'A, une croix échiquetée.

Comme les chatons, les dix sujets principaux sont en émail cloisonné d'or, d'un dessin rude et d'une exécution très-médiocre. Ainsi que dans l'orfèvrerie d'Essen, on n'y distingue aucun trait du style grec, aucun des caractères si tranchés de l'iconographie byzantine. Seulement, la couronne triangulaire de sainte Foy et de la Sainte-Vierge se transforme en un nimbe en losange : ce qui indiquerait tout au plus une influence italienne, si ce détail signifie autre chose qu'une imitation des figures niellées.

Tel est du moins l'avis de M. Darcel, qui d'ailleurs incline à croire que les émaux de Conques sont sortis d'un atelier

« limousin » (1). J'admets aussi que l'émailleur et le nielleur de Bégon se rattachaient à la grande école limousine. Mais, pour composer aussi singulièrement leurs sujets, pour mettre aussi hardiment la vierge de Conques en pendant de la Sainte Vierge, avec la même couronne ou le même nimbe, avec les mêmes habits, les mêmes ornements, et qui plus est à la place d'honneur, il fallait qu'ils travaillassent non à Constantinople ou à Florence, où il était réellement peu commode de faire des commandes de cette nature, non pas même à Limoges, mais à Conques, sous les yeux de Bégon et avec les dévotions passionnées des moines de l'abbaye.

On n'a pas la date précise de cet autel émaillé de Conques. Il n'est complet que sur sa face antérieure. La face postérieure et les tranches, qui auraient pu offrir quelque inscription, ont disparu et sont remplacées par des feuilles de tôle. Depuis que l'autel portatif ne sert plus, et qu'il est redressé de manière à garnir l'armoire aux reliques, on a refondu ou employé, à réparer d'autres reliquaires plus précieux, les plaques d'or qui complétaient celui-ci. Mais je ne crois point qu'il soit antérieur à Bégon, ni qu'il remonte même aux premières années de son administration.

Une remarque m'a frappé quand j'ai vu le trésor de Conques, car j'ai tenu à contrôler sur les lieux les observations de M. Darcel : c'est que les reliquaires de Bégon sont d'un mérite très-inégal, selon l'artiste auquel on s'est adressé, et qu'ils semblent progresser avec le temps. — Le premier, fait en 1100, après que le pape Pascal II a reçu des croisés une partie de la vraie croix et en a détaché une parcelle en faveur de l'abbaye de Conques, est d'une forme très-simple et d'un dessin très-imparfait. Il a peu de filigranes et les plaques d'argent naturel, ou de vermeil, dont il se compose ne présentent encore ni nielles ni émaux. — Dans la même année,

(1) *Trésor de Conques*, p. 10.

lorsque Bégon se fait faire un autel portatif que consacre, le 6 des calendes de juillet, Pons, ancien moine de Conques et évêque de Barbastre en Espagne, l'orfévre de Conques est devenu bien plus habile, ou, pour mieux dire, on en emploie un autre dont les nielles étaient la spécialité. Il y a beaucoup de finesse et de netteté dans les figurines et elles sont niellées avec une perfection qui dénote un artiste très-versé dans ce procédé d'orfévrerie.

Le reliquaire de saint Vincent est déjà plus recherché, dans sa forme générale qui rappelle le clocher de St.-Front, dans le dessin et la composition de ses bas-reliefs en argent repoussé et doré par places. D'ailleurs, il n'a pas de date positive; on sait seulement qu'il est de Bégon.

Les émaux arrivent avec l'A de Bégon, ils se développent avec l'autel portatif en or et se montrent encore dans la statue, aussi en or, de sainte Foy. La matière est plus riche et l'art plus avancé. Il n'est pas invraisemblable qu'un émailleur proprement dit ait été appelé dans l'atelier de Conques, ou que ses anciens orfévres soient allés dans l'intervalle s'instruire à de nouvelles méthodes et se perfectionner dans d'autres ateliers, par exemple à Limoges. En général, les émaux sur l'or et le vermeil doivent avoir été exécutés dans l'abbaye même où ils se trouvent. Aussi éloignés que fussent les artistes en renom, il était plus raisonnable et plus facile d'en appeler un que d'envoyer au loin des métaux précieux dont on ne pouvait contrôler l'emploi. Quoi qu'il en soit, comme l'abbé Bégon est mort en 1119, on est sûr qu'un au moins des reliquaires émaillés n'est pas postérieur à cette date et il ne doit pas être antérieur à 1110.

J'avais dit, en oubliant la publication commencée dans les *Annales archéologiques* (1), puis interompue par M. Darcel, qu'il ne subsistait pas en France d'émaux cloisonnés, mais

(1) *Annales archéologiques*, 1856, p. 77.

que si les reliquaires en or et en vermeil de l'ancien trésor de St.-Martial s'étaient conservés jusqu'à nous, on y aurait trouvé probablement des émaux de cette nature. — De son côté, M. de Lasteyrie affirmait que « les Limousins, dans le prin- « cipe, n'ont jamais pratiqué que la taille d'épargne; » de sorte qu'ils ne sauraient être les élèves des Grecs ou des Vénitiens, lesquels n'ont jamais fait que des émaux cloisonnés (1).

On voit qui se rapprochait le plus de la vérité, car, pour M. de Lasteyrie, tout émail trouvé au Mans ou à Chartres est réputé limousin. A plus forte raison en sera-t-il ainsi des émaux faits pour l'abbaye de Conques.

Aussi bien, si l'on ne possède pas en Limousin et dans les provinces voisines plus d'émaux cloisonnés, c'est qu'on y a détruit avec un soin tout particulier les vieux reliquaires en or. S'il n'y reste pas plus de nielles analogues à celles de Conques, c'est qu'on a détruit de même les reliquaires en argent. L'excipient de l'émail exerce, on ne saurait trop le redire, une influence décisive sur le procédé d'exécution. Aussi les émaux champlevés à personnages peuvent-ils parfaitement être imités des émaux cloisonnés, dont ils ne sont qu'une simplification très-économique. Pour souder une mince lame d'or selon toutes les inflexions du dessin le plus compliqué, il faut une application constante et une main très-habile; mais, en revanche, le précieux métal qui fournit le fond est réduit à une feuille aussi légère qu'on le veut. — Avec le travail champlevé, qui donne le même résultat et le même effet, l'épaisseur du métal est aussitôt doublée ou triplée, ce qui est désormais sans inconvénient ; mais, une fois le dessin décalqué

(1) M. J. Durand a signalé dans la *Pala-d'Oro* l'emploi, très-exceptionnel au surplus, du travail champlevé (*Trésor de St.-Marc*, p. 12 du tirage à part). Le saint Démétrius de Hanovre n'est pas non plus en émail cloisonné, mais bien plutôt en émail sur relief.

sur le cuivre, une opération purement mécanique, et qui peut être confiée à de simples ouvriers, suffit pour creuser les fonds. C'est de la gravure sur bois, avec cette différence que les parties réservées ne sont pas à beaucoup près aussi multipliées et aussi fines. Il y a donc là pour l'émaillerie un puissant moyen de vulgarisation, une grande cause d'extension et de succès.

M. de Lasteyrie va me reprocher encore de tomber, avec M. Labarte et M. de Quast, dans cette « éternelle confusion » qui consiste à ne pas « séparer nettement » les émaux cloisonnés des émaux à taille d'épargne. Il serait simple, en effet, d'attribuer en toute occasion les uns aux Byzantins, les autres aux Limousins ou à leurs imitateurs. Mais comment accepter cette prétendue règle lorsqu'on voit si clairement en Allemagne, sur une nombreuse série de monuments, l'un des deux genres naître de l'autre et s'essayer timidement, d'abord comme une simplification, puis comme une évidente économie; lorsqu'on les trouve souvent réunis sur la même pièce d'orfèvrerie; lorsque, jusqu'à la fin du XIIe. siècle, jusqu'à la châsse des trois Rois, l'emploi de l'or appelle naturellement les émaux cloisonnés?

Les Allemands, nous dit-on, sont arrivés « plus tard » et « par transition » à la taille d'épargne : ils ne l'ont guère essayée avant le milieu du XIe. siècle, et ne l'ont employée couramment que vers le commencement du XIIe. siècle. Sous quelle influence? Il n'est pas difficile de le deviner, quoiqu'on n'ose pas encore nous le dire. Mais sait-on si les Limousins n'ont pas suivi la même voie, et s'ils étaient plus avancés aux mêmes dates? Chez eux la transition manque, et c'est un titre en faveur des Allemands; mais le point de départ, fourni par les émaux de Conques, est identique.

A cela près, il n'y a pas d'émaux limousins au Xe. ni au XIe. siècle : aucun texte n'indique même qu'on en ait fait pendant cette longue période. Depuis le règne de Tétricus jusqu'à celui de Louis VII, l'éclipse de cet art national est complète. M. de Lasteyrie n'insiste pas sur les émaux de saint Éloi : et réellement, s'il n'est pas impossible qu'il y en ait eu d'une certaine façon, tels par exemple que ceux du reliquaire mérovingien de saint Maurice, assurément il n'y en a plus. La petite châsse de Solignac, que l'on attribuait à l'illustre fondateur de cette abbaye, est du XIIIe. siècle; et quant à la boîte qui a été trouvée par M. Maurice Ardant dans les fouilles de St.-Martial, elle n'a pas plus été fabriquée par saint Éloi qu'elle n'a appartenu à Waiffre. Du moins, elle offre un de ces sujets de galanterie si communs au XIIIe. siècle et ne saurait s'éloigner beaucoup de cette date; car les figures y sont dorées sur fond d'émail : ce qui, selon M. de Lasteyrie, n'a commencé à se faire que vers la fin du XIIe. siècle.

Je croyais la crosse de Ragenfroy aussi décriée que les émaux de saint Éloi. Cependant M. de Lasteyrie nous demande, et ce ne doit pas être sans but, « s'il ne serait pas bien extraordinaire qu'en ouvrant la tombe de Ragenfroy, un ou deux siècles seulement après sa mort, on se fût amusé à en retirer sa crosse pour lui en substituer une autre, pour le moins aussi riche. » — Non, on ne s'est pas amusé à cela. Willemin s'est trompé, ou a été trompé, voilà tout. J'ignore sur quels indices il se croyait certain d'avoir gravé la crosse de Ragenfroy plutôt que celle de tout autre évêque de Chartres ; mais, sans aller visiter la collection Meyrick, sa gravure me suffit pour me prononcer, après tant d'autres juges compétents, sur l'âge bien postérieur de cet émail. D'ailleurs, M. Darcel a vu récemment, à l'exposition de Manchester, la crosse dont il s'agit et il a écrit qu'elle pourrait bien être du XIIe. siècle, d'autant mieux que les figures sont en partie « réservées » sur fond d'émail (1). Le savant conservateur du Musée Britannique.

(1) *Les arts industriels. Revue française du* 1er. *juin*, 1857, p. 32 du tirage à part publié par V. Didron.

M. A. W. Franck, qui se connaît en émaux presque aussi bien que M. de Laborde, ajoute que la prétendue crosse de Ragenfroy lui paraît appartenir à l'École allemande, du moins il me l'a dit.

Au reste, si, par impossible, une crosse émaillée avait été trouvée à Chartres dans une tombe du Xe. siècle, serait-ce là une bonne preuve de l'ancienneté de l'émaillerie limousine?— Cela était de mise lorsque, d'un commun accord, on réservait à la seule ville de Limoges le monopole de cette industrie. Alors tout était bon pour en suivre la trace jusque dans les siècles les plus reculés. Mais quand il est reconnu qu'on faisait très-anciennement des émaux à Cologne, à Trèves, à Verdun, à Paris, au Mans; quand il s'agit précisément de rechercher à quelle époque Limoges en a fait aussi; je ne vois pas trop ce que prouverait un émail découvert à Chartres, sans autre indication d'origine, lors même qu'il remonterait, contre toute vraisemblance, à Ragenfroy et à 941.

Nous arrivons, en suivant l'ordre des dates, à la bague émaillée de l'évêque Gérard de Limoges, mort en 1022. Je n'ai jamais prétendu qu'elle avait « pu être achetée à Cologne. » Bien plus, il n'y a pour moi aucune invraisemblance à ce qu'elle ait été fabriquée à Limoges même, puisque j'ai toujours supposé que l'émaillerie limousine débutait un peu avant cette époque. Je m'étais seulement demandé si une bague décorée d'un simple filet bleu était bien un émail digne de ce nom; et si Gérard n'avait pas pu se la procurer dans une autre ville que Limoges, par exemple à Poitiers où il figurait, lors de son élection, parmi les dignitaires de saint Hilaire? N'oublions pas que, d'après M. de Laborde et surtout d'après M. Didron, les émaux se trouvent et se sont faits « un peu partout. » Celui dont on s'occupe ici est certainement moins avancé que la plupart des spécimens de l'émaillerie antique, mérovingienne, ou saxonne, par exemple l'anneau d'Ethelwulf, et ne dépasse pas la mesure de ce que l'on peut attendre de l'orfévre le plus ordinaire dans toutes les grandes villes de l'Occident et à toutes les époques du moyen-âge. Du reste, comme cet anneau est massif et n'offre, même au chaton, que des surfaces arrondies, il ne pouvait guère être cloisonné. Il ne prouve donc rien contre l'existence de ce genre d'émaillerie. S'il n'avait pas appartenu à un prélat limousin, il n'aurait par lui-même que peu d'intérêt. Et, pour adopter la supposition faite avec tant de confiance par M. de Lasteyrie, « si un bijou pareil était trouvé dans la tombe d'un évêque aux bords du Rhin, » Dieu sait que personne ne s'en prévaudrait et n'y donnerait d'attention; car les antiquaires allemands, heureusement pour eux, n'ont que l'embarras du choix, entre les titres de leur émaillerie nationale, et en citent par douzaine des exemples plus anciens, plus authentiques et infiniment plus importants.

Cette bague de l'évêque Gérard, avec les émaux, perdus aujourd'hui, qui décoraient au XVIe. siècle le tombeau de saint Front, sculpté en 1077 par un moine de la Chaise-Dieu, mais remanié au XIIIe. siècle par l'évêque P. de Saint-Astier et au XVe. par le cardinal de Bourdeilles, voilà tout le bagage de l'émaillerie limousine au XIe. siècle. — Je me trompe, il y a aussi un petit orfroi de chape possédé par M. de Lasteyrie, après M. Maurice Ardant, et qui représente un Agneau pascal, fort grossièrement dessiné, avec une inscription où M. Léopold Delisle a reconnu les caractères en usage au commencement du XIe. siècle. Sans contredire un paléographe et un historien aussi justement renommé que M. Delisle, je pourrais objecter que l'épigraphie limousine est souvent en retard, d'après les observations spéciales du savant abbé Texier; de sorte que les caractères du commencement du XIe. siècle peuvent se montrer encore à la fin du même siècle ou dans les premières années du siècle suivant (1). Mais pourquoi troubler sans nécessité les illusions d'un heureux collectionneur? Je me bornerai à répéter que j'admets l'existence de l'émaillerie limousine dès le commencement du XIe. siècle, et que l'extrême grossièreté de l'œuvre s'explique plus naturellement par l'inexpérience d'une école toute nouvelle que par la maladresse exceptionnelle d'un artiste.

Quoi qu'il en soit, M. de Lasteyrie ne comprend pas comment j'ai pu dire que jusqu'au XIIe. siècle, jusqu'au XVe. siècle peut-être, on ne connaît aucun émail limousin à date certaine. J'espère que nos lecteurs ne partageront pas cet étonnement quand ils auront vu ce qui précède. J'avais dit, pour plus de clarté, qu'on n'avait aucun émail limousin qui fût daté d'une manière précise. Il me semble que cela est exact au moins jusqu'au XIIe. siècle, et nous allons voir qu'il en est encore ainsi par la suite.

Un monument à date certaine, celui qui sert à dater les autres, doit avoir aussi une date précise; et, s'il consiste en un objet portatif, sa provenance ne doit pas être douteuse le moins du monde. — En fait d'émaux limousins, M. de Lasteyrie en connaît-il réellement beaucoup qui répondent à ces conditions? — Nous aussi nous connaissons un assez grand nombre d'émaux que des analogies générales de style, et des raisons de voisinage, permettent d'attribuer au XIIe. ou au XIIIe. siècle et aux ateliers de Limoges.

Ce ne sont pas là cependant des émaux limousins à date certaine, ni à date précise : et la preuve, c'est que si M. de

(1) *Manuel d'épigraphie*, p. 50. « Les inscriptions d'orfèvrerie, » ajoute M. Texier, « se ressentent de leur procédé d'exécution. » Les lettres épatées, carrées, à formes droites sont celles que trace plus facilement le burin ou que le ciselet poinçonne plus commodément. Ce sont aussi celles qui paraissent les plus anciennes.

Lasteyrie se hasarde à citer des exemples, il se trouve qu'ils portent tous à faux sans exception.

Ainsi, Éléonore d'Aquitaine a donné, en 1137, à Louis VII un vase en cristal dont le pied est décoré aujourd'hui d'armoiries en taille d'épargne: et M. de Lasteyrie de s'écrier que ces émaux-là ne venaient pas d'Allemagne. Non, ils n'en venaient point; mais venaient-ils davantage de Limoges? — D'abord, beaucoup de gens croient que les quatre écussons, tous aux armes de France, du vase d'Éléonore ont été ajoutés après coup, par exemple au XIVe. siècle, pour remplacer autant de pierres précieuses employées à un autre usage. On s'explique ainsi la forme inusitée des écussons, qui sont arrondis; celle des fleurs de lis, qui est relativement récente, et enfin l'absence des armoiries de la donatrice.

Mais tenons un moment les émaux dont il s'agit pour des œuvres authentiques du XIIe. siècle. — Le vase d'Éléonore, que conserve le musée des Souverains, après avoir été donné par un certain Mitadol, — quelque émir d'Espagne, — à un duc d'Aquitaine, et par Éléonore à son mari, fut cédé par ce dernier à l'abbaye de St.-Denis. C'est l'abbé Suger qui a fait faire la monture en métal où se voient les écussons émaillés, car c'est lui qui parle dans l'inscription qui y est gravée. Or, Suger, à cette époque, avait à son service sept émailleurs lorrains. — C'était par pur caprice, nous dit-on, puisqu'il connaissait Limoges et l'incontestable supériorité de ses ateliers. Mais, aussi restreinte que l'on se figure la région désignée au XIIe. siècle par le mot de Lorraine, toujours est-il que le grand abbé de St.-Denis avait emprunté ses émaux à l'art germanique; car pendant toute la période romane la Lorraine entière, et en particulier la province française qui porte aujourd'hui ce nom, appartient sans partage au style allemand. Depuis le Congrès archéologique de Metz, c'est un fait admis par tout le monde.

M. de Lasteyrie chercherait à Trèves, plutôt qu'à Cologne, et à Verdun, plutôt qu'à Trèves, le lieu de naissance de ces artistes lorrains. En effet, l'église de Trèves, comme M. de Roisin (1) l'a montré, était en possession de fournir des émaux à celle de Reims « sa sœur, » et le fameux calice attribué à saint Remi (2) n'a probablement pas d'autre provenance. Verdun a produit aussi des émailleurs excellents que les déplacements n'effrayaient point. M. Didron vient de retrouver, à Tournay (3), la trace de ce Nicolas de Verdun qui avait doté l'abbaye autrichienne de Klosterneubourg de son beau rétable émaillé. Déjà en 1181, selon M. Darcel (4) et selon M. de Lasteyrie lui-même, il était en avance sur les émailleurs limousins; car, à Klosterneubourg, toutes les figures sont « réservées » et dorées sur fond d'émail: ce qui ne se fait généralement qu'un peu plus tard. A Tournay, en 1205, sa manière s'est transformée encore, pour obéir à la mode la plus nouvelle. Dans la châsse de Notre-Dame, due à Nicolas de Verdun, et que la cathédrale de Tournay conserve à côté de celle de saint Éleuthère, plus belle, mais plus récente, tous les personnages sont en relief sur fond de métal: l'émaillerie ne sert plus qu'aux bordures et s'efface, selon l'usage allemand du XIIIe. siècle, devant les progrès de l'orfévrerie sculptée.

C'était sans doute un artiste laïque que notre émailleur, et il paraît s'être fixé définitivement à Tournay; car, dans la suite, en 1217, les registres municipaux disent qu'un certain Colars de Verdun fut reçu bourgeois à taux réduit, comme fils

(1) *La cathédrale de Trèves*, par le baron F. de Roisin, p. 66.

(2) *Annales archéologiques*, t. II, p. 263.

(3) Nicolas de Verdun, émailleur au XIIe. siècle, par M. Didron, *Annales archéologiques*, t. XXII, p. 200.

(4) *Excursion artistique en Allemagne*, par A. Darcel, Paris, 1862. p. 20.

de bourgeois. Ce devait être le fils de l'émailleur, car il a le même nom et le même prénom en diminutif. Seulement sa profession a un peu changé. Comme l'émaillerie s'en va, le fils de Nicolas de Verdun s'est fait verrier, un des métiers qui se rapprochent le plus de celui d'émailleur.

Quoi qu'on puisse penser des derniers chapitres de cette curieuse biographie d'artiste, Verdun, qui envoyait des émailleurs à Klosterneubourg, a pu tout aussi bien en envoyer à St.-Denis, où ils auraient eu sur d'autres Lorrains l'avantage de se faire comprendre facilement de ceux qui les employaient, et de ceux qui les secondaient dans leurs travaux. Mais bien que Nicolas de Verdun parlât un dialecte français, bien que nous devions aujourd'hui nous intéresser à lui comme à un compatriote, il appartenait, répétons-le, à l'École allemande; et les émailleurs de Suger eussent-ils eu exactement la même origine, la signification naturelle de l'appel qui leur fut fait, c'est assurément de témoigner en faveur de l'ancienneté et de la supériorité relative de l'émaillerie germanique.

Peu de temps après la construction de St.-Denis, on émaille l'admirable plaque de Geoffroy Plantagenet, conservée au Musée du Mans; et, selon M. de Lasteyrie, ce n'est pas du premier coup que l'École limousine arrive à de telles œuvres. — Cette fois toutes les vraisemblances étaient en faveur de Limoges, puisque Geoffroy d'Anjou est mort en 1151, précisément un an avant que son fils épousât Éléonore d'Aquitaine, et deux ans avant qu'il allât se faire couronner dans l'abbaye de St.-Martial. Bien m'en a pris cependant de dire qu'il était seulement « probable et non certain » que la tombe émaillée de Geoffroy avait été faite à Limoges. Au lieu de m'avertir qu'il n'y avait plus à hésiter, M. Hucher, du Mans, m'aurait saisi en flagrant délit, comme M. Labarte, qui avait cru pouvoir attribuer la plaque de Geoffroy aux dernières années du XIIe. siècle ; comme M. le comte Clément de Ris, qui était allé jusqu'au commencement du XIIIe. siècle. M. Hucher n'a pas seulement prouvé, conformément aux prévisions de M. de Lasteyrie, « qu'on se plaisait à rajeunir ce monument en contestant bien arbitrairement son authenticité ; » il a montré de plus, par des textes contemporains aussi clairs, aussi concluants que possible, qu'il était l'œuvre, non du roi Henri, mais de l'évêque du Mans, Guillaume de Passavant. Le moine Jean de Marmoutiers, dans sa « Chronique de Geoffroy, » dédiée à ce prélat lui-même, dit en effet : « Il fut inhumé dans la très-sainte église de St.-Julien du « Mans, dans un très-noble mausolée que l'évêque Guillaume, « de pieuse mémoire avait élevé à sa noblesse. On y voit l'i- « mage révérée du comte honorablement imprimée en or et « en pierreries, dans l'attitude d'un prince qui semble vou- « loir abattre l'orgueil des superbes et faire grâce aux « humbles (1). — L'évêque établit à perpétuité et dota suffi- « samment un chapelain qui fut chargé d'offrir tous les jours « pour Geoffroy le divin sacrifice à l'autel du Crucifix, près « duquel cet excellent comte repose, afin que le Dieu bon « et miséricordieux daigne avoir pitié de ce prince si miséri- « cordieux lui-même. »

Je n'irai pas jusqu'à dire avec M. Hucher que le tombeau émaillé de Geoffroy, dont la plaque conservée au musée n'était que la pièce principale, avait été élevé « du vivant de ce « prince. » Les expressions du chroniqueur ne me semblent pas assez formelles pour cela. Préparer la sépulture d'un homme de quarante ans, plein de vie et de santé, ce serait

(1) « Humatus est autem in sanctissima beati Juliani Cœnomanensis ecclesia, in nobilissimo mausoleo quod ei nobilitati episcopus piæ recordationis Guillielmus nobiliter exstruxerat. Ibi siquidem effigiati comitis reverenda imago *ex auro et lapidibus impressa*, superbis ruinam, humilibus gratiam distribuere videtur. » C'est la paraphrase de l'inscription.

un excès de prévoyance qui n'est pas présumable, et que les empereurs romains auraient qualifié de lèse-majesté. Mais, on concilie tout en admettant que les restes de Geoffroy Plantagenet furent déposés provisoirement, selon l'usage, ou sous le pavé, ou partout ailleurs que dans le mausolée destiné à les recevoir après le temps strictement nécessaire à son achèvement. — Il nous suffit de savoir que le tombeau de Geoffroy fut conçu et probablement exécuté, avant le couronnement d'Henri II, par l'évêque seul dont il est l'œuvre personnelle. Henri II lui-même n'y prit aucune part et laissa à Guillaume le soin de le doter d'un service quotidien. Ce ne fut qu'en 1161 que ce prince songea à fonder deux autres messes à célébrer chaque jour devant le sépulcre de son père, dont il constate l'existence, sans réclamer l'honneur de l'avoir élevé (1). Du reste, l'inscription de la plaque émaillée confirme le témoignage des chroniques, et conserve au tombeau de Geoffroy le caractère d'une fondation ecclésiastique. Entre toutes les qualités du défunt, celle qu'on exalte devait être particulièrement appréciée par un évêque :

Ense tuo, princeps, prædonum turba fugatur;
Ecclesiisque quies pace vigente datur.

M. de Lasteyrie ne connaît pas encore ces documents, tant la publicité est lente en archéologie. Mais il lui suffira, pour les consulter, d'ouvrir le tome XXVI du *Bulletin monumental* (2). Dans un autre volume du même recueil (3), il se convaincra de plus que, dans le premier domaine des Plantagenets, la tombe de Geoffroy n'offrait pas le seul, ni le plus ancien

(1) *Bulletin monumental*, 1860, t. XXVI, p. 695.

(2) L'émail de Geoffroy Plantagenet, par M. E. Hucher, p. 669-696.

(3) Rapport sur des statues tombales en métal, par M. de Caumont, *Bull. monum.*, t. XXI, p. 460.

exemple d'une effigie émaillée de médiocre dimension incrustée dans un grand sépulcre. La tombe de l'évêque d'Angers Fulger, mort en 1149, est décisive à cet égard, et se trouve dessinée avec ses vives couleurs dans la collection Gaignières, ainsi que plusieurs autres tombes émaillées d'Angers et du Mans, mais plus récentes. M. de Caumont en a donné d'excellentes gravures.

En 1149, pas plus qu'en 1151, le Maine et l'Anjou n'avaient rien de commun avec le Limousin. Au contraire, ces deux provinces accueillaient déjà le style ogival, propagé, sinon créé par Suger et son abbaye. Aussi, la tombe de Fulger a-t-elle ses arcatures en ogive, chose sans exemple à cette époque en Limousin. Il ne reste donc aucune raison de faire honneur à l'École de Limoges de la plaque émaillée de Geoffroy : elle se rattacherait plutôt à l'École allemande, naturalisée à St.-Denis : ce que confirmerait la prédominance des « tons verts » que j'y ai remarquée. Quand on se rappelle ce crucifix colossal, ces candélabres et toutes ces œuvres des émailleurs lorrains de St.-Denis ; quand on songe qu'une prébende avait été affectée à perpétuité à l'artiste chargé de les entretenir, il est impossible de ne pas croire qu'on ait été tenté parfois de les imiter dans le voisinage. Du moment que l'on admet la pluralité des écoles d'émaillerie, on peut donc très-bien, sans contester à l'Allemagne le titre qui résulte pour elle du livre de Suger, dire que la France du Nord a eu aussi son école, importée ou native, mais vivace et féconde. Les belles crosses trouvées par M. Godard-Faultrier, dans les fouilles de l'abbaye de Tous-les-Saints à Angers ; les admirables tombeaux émaillés, d'un style si noble et si pur, dessinés par Gaignières à Braisne, par exemple, aussi bien qu'à Angers et au Mans, en relèveraient ogiquement; et s'il fallait, en l'absence de toute indication historique, essayer dans les provinces du Nord un triage de ce qui provient de Limoges, ce serait, je suis fâché de l'avouer, au dessin plus raide, plus roman, de certaines effigies émaillées du XIIIe. siècle qu'il faudrait leur reconnaître cette origine, notamment pour ces statues de deux enfants de saint Louis, Jean et Blanche de France, transportées de Royaumont à St.-Denis (1), qui retardent si visiblement sur leur date, comme le font en général les édifices et les sculptures gothiques du Limousin, jusqu'au moment où fut commencée, par des architectes du Nord, la cathédrale de St.-Étienne.

Indépendamment de ces importations allemandes et limousines, les germes de l'émaillerie paraissent avoir existé très-anciennement dans la région dont Paris est le centre artistique : une remarque nous porterait du moins à l'avancer. Il y avait à St.-Germain-des-Prés, et il y a encore à St.-Denis, une dalle où Frédégonde est représentée en mosaïque. D'après M. le baron de Guilhermy (2), si bon juge en cette matière, cette tombe a été refaite avec plusieurs autres vers le commencement du XIe. siècle, mais dans tous les cas elle est très-ancienne. Or, le mosaïste impuissant, dans sa maladresse, à rendre par des cubes de verre ou de marbre le dessin de cette effigie de Frédégonde, a imaginé de marquer tous les contours, tous les plis intérieurs du vêtement par de minces

(1) Voyez la *Monographie de St.-Denis*, par M. de Guilhermy, p. 164. Il suffit, à l'aide des gravures de cet ouvrage, de comparer la tombe de Jean de France à celle de Louis, fils aîné de saint Louis, qui n'est cependant guère plus récente, pour s'assurer de ce retard de style. Il faut noter aussi qu'en 1243, l'année même où mourut Blanche de France, saint Louis séjourna à Limoges en se rendant à Rocamadour. J'imagine qu'il aura commandé à cette occasion le premier des tombeaux émaillés de Royaumont. L'autre l'a suivi de près, en 1247, car il est de la même main.

(2) Voyez la *Monographie de St.-Denis*, par M. de Guilhermy, p. 209.

filets de cuivre doré. — N'est-ce pas un emprunt non équivoque aux procédés de l'émaillerie cloisonnée ?

Au XIVe. siècle, plusieurs émaux, notamment le piédestal d'une statue de la Sainte-Vierge, donnée par la reine Jeanne et conservée au musée des Souverains, offrent tous les caractères de l'art du nord de la France. D'ailleurs, dans la liste des orfévres parisiens, il se trouve sept artistes qui tiraient leur surnom de la ville de Limoges (1). Pourquoi auraient-ils oublié le secret des émaux, en changeant de résidence ?

Il y a aussi des émaux anglais, indépendamment des émaux saxons.

Dès la première moitié du XIIe. siècle, l'évêque de Winchester, Henri de Blois, frère du roi Étienne, fait exécuter un bassin émaillé, de forme oblongue, dont les extrémités semi-circulaires sont conservées au Musée Britannique. Le donateur y est représenté, tenant l'objet qu'il offre à l'église, avec l'inscription : *D. Henricus episcopus*. Son nom est encore répété dans les vers qui bordent le bassin sur deux lignes concentriques : « *Dona dat Henricus vivus in ære Deo...* » — On y fait, d'ailleurs, des vœux pour l'Angleterre et l'on vante même l'art des émaux : *Auro gemmisque prior*. Tout en évitant de se prononcer positivement sur la provenance de ce curieux émail, qui a dû être fait de 1139 à 1146, M. Franck inclinerait à penser qu'il est limousin, par la seule raison que l'évêque Henri de Blois était français. Cependant le comté de Chartres et de Blois n'avait encore, de 1139 à 1146, que bien peu de relations avec le Limousin, tandis qu'il touchait à Paris, à St.-Denis, où Henri a dû prendre à la fois l'émaillerie et l'architecture ogivale, dont le chœur de l'église de St[e].-Croix, bâti par lui à Winchester, est le plus ancien spécimen en Angleterre. Je ne prétends donc pas rattacher l'émail de Henri

(1) Texier, *Dictionnaire d'orfévrerie*, p. 991.

de Blois aux émaux saxons : — il ressemble trop pour cela à certains émaux du Continent. —Je crois qu'il a été fait par un artiste de l'École allemande, ou franco-allemande, mais en Angleterre et sous les yeux du donateur. Dans tous les cas, il rappelle moins les émaux limousins que ceux de l'Anjou et surtout de l'Allemagne, dont il reproduit les tons clairs et doux, où le vert prédomine, ainsi que l'intarissable faconde. Autant, en effet, les émaux limousins sont sobres d'inscriptions, autant les émaux de l'École allemande en sont prodigues. Ainsi, au Musée Britannique, cinq émaux, qui sont donnés comme allemands, sont couverts d'inscriptions en lettres toutes pareilles à celles du bassin d'Henri de Blois, tandis que les émaux limousins, au nombre de dix, sont complètement muets.

Lorsque l'émaillerie, déjà pratiquée depuis plus ou moins long-temps par des laïques, devient un art industriel; lorsque les émaux, au lieu de se faire sur commande, donnent lieu à un commerce régulier, l'Angleterre en achète à Limoges en assez grande quantité pour que le mot d'œuvre de Limoges désigne clairement un objet émaillé. Mais le premier achat de ce genre, qui soit constaté historiquement, se rapporte à l'exil de Thomas Becket en France, probablement à sa rentrée en Angleterre, c'est-à-dire à 1169. Les faits analogues se multiplient dans le commencement du XIIIe. siècle, car ils étaient très-rares jusque-là, et il n'y en a que trois pour toute l'Europe jusqu'en 1200.

Plus tard, dans la seconde moitié du XIIIe. siècle, les artistes de Limoges exécutent des tombeaux émaillés pour des prélats et des seigneurs anglais. Ils n'étaient pas les seuls et n'avaient pas été les premiers à en faire. Nous avons vu que les tombes de Fulger et de Geoffroy, qui affectent encore la forme d'une grande châsse, étaient incontestablement les plus anciens exemples. Nous allons voir bientôt que la tombe d'Henri de Champagne, où il y avait une statue couchée dans une châsse à jour, vient après. Les premières tombes émaillées dont il soit question en Limousin sont celles d'un évêque de Cahors et d'un archevêque de Lyon (1), qui vinrent mourir à Grandmont, sous le pontificat d'Innocent III. Mais, au XIIIe. siècle, les tombes émaillées continuaient à être d'un usage général dans le nord de la France, particulièrement à Angers et au Mans. Les Allemands seuls paraissent n'en avoir jamais fait.

A notre avis, les tombes émaillées de Limoges se distinguaient des autres au XIIIe. siècle par un procédé particulier, le travail au repoussé, appliqué au cuivre; car pour l'or et l'argent il est d'un usage plus général. Formées d'un assemblage de petites feuilles de cuivre, elles employaient infiniment moins de métal que les statues coulées d'un seul jet du nord de la France. Comme les châsses de pacotille et les autres œuvres de Limoges, elles se recommandaient par leur économie, cause bien prosaïque, mais bien puissante de succès.

Ainsi nous voyons, en 1277, les exécuteurs testamentaires de Gauthier de Merton, évêque de Rochester (2), payer une certaine somme, assez faible (40 livres sterling), à Jean de Limoges, pour le prix d'une tombe, non compris les frais de voyage de l'aide qui vient la poser, et les honoraires d'un certain homme de confiance chargé d'arrêter le plan et d'en surveiller l'exécution. Ce monument n'existe plus, par malheur. Peut-être seulement retrouve-t-on, à l'extrémité du chœur de Rochester, le socle en marbre noir qui supportait la statue de Gauthier de Merton. — Pour avoir une idée de ces tombeaux de Limoges, il faut recourir à celui d'Aymar de

(1) *Émaillerie de Limoges*, p. 84.

(2) Gauthier de Merton était chancelier d'Angleterre et il avait dû, en cette qualité, venir à Limoges avec Edouard Ier., en 1274. Voir Rickman, édition de 1862, p. 319.

Valence, comte de Pembroke, à Westminster. Cette fois, il n'y a point de texte, mais toutes les circonstances concourent à révéler un produit distingué de l'émaillerie limousine. D'abord ce comte de Pembroke, neveu du roi Henri III, était non-seulement un Français, mais un Aquitain ; car il descendait de l'illustre maison de Lusignan. Son père, Guillaume de Valence, troisième fils du comte de La Marche et d'Isabelle d'Angoulême, avait été sénéchal du Limousin pour Édouard Ier. et seigneur de la ville limousine de Bellac. Il joint lui-même sur son sceau, à ses titres anglais, celui de seigneur de Montignac (sur Charente). Enfin, il portait, ainsi que plusieurs membres de sa famille, le prénom héréditaire des vicomtes de Limoges, dont il était le proche parent. Aymar de Pembroke avait donc toute sorte d'affinités et de relations avec le Limousin, où quelques-uns de ses ancêtres avaient choisi leur sépulture. Il était tout simple que le talent des émailleurs de Limoges fût connu et apprécié dans cette famille.

La statue d'Aymar de Pembroke se trouve dans une des chapelles méridionales du chœur de Westminster. Elle est couverte d'une armure complète et repose sur un socle en bois, décoré d'une arcature, et exhaussé lui-même sur un autre socle en pierre sculptée. La statue est aussi en bois, revêtu de feuilles de cuivre travaillées au repoussé, et assez adroitement assemblées pour que les points de raccord soient encore aujourd'hui peu apparents. Il n'y a d'émaillé que le coussin sur lequel s'appuie la tête, le bouclier, placé immédiatement sur la poitrine, le ceinturon et les attaches des éperons. Le reste est doré. Mais ces émaux sont exécutés avec beaucoup de finesse et ils sont répartis avec goût, de manière à produire un excellent effet. Le même système de décoration avait été appliqué au coffre en bois qui supporte la statue. Il était aussi revêtu de feuilles de cuivre, et, dans le champ des arcatures, des figurines sur fond d'émail représentaient probablement les parents ou les officiers du comte Aymar, ou simplement « des pleureurs », tandis que des écussons aux couleurs de Lusignan garnissaient les tympans des arcades; mais ce revêtement a été enlevé presque en totalité, surtout sur la face qui regarde le bas-côté de l'église. On ne voit plus guère aujourd'hui que des lettres et autres points de repère gravés profondément sur le bois du sarcophage, dans chaque arcade feinte et dans chaque tympan.

J'ai relevé avec soin toutes ces marques, analogues aux marques d'appareilleurs; mais il y aurait peu d'utilité à les reproduire ici : il suffit de les signaler et de les donner pour preuve de la provenance lointaine du monument. — Évidemment, le maître qui avait conçu et exécuté les plaques émaillées ne devait pas les mettre lui-même en place, lorsque toutes les pièces du tombeau seraient arrivées à leur destination. Comme pour l'évêque de Rochester, un artiste moins relevé, un aide, restait chargé d'accompagner l'œuvre à Westminster et de la reconstituer pièce à pièce, après lui avoir épargné les accidents qu'un long voyage en chariot aurait infailliblement occasionnés sans cette précaution.

Je trouve une autre preuve de l'origine du tombeau d'Aymar de Pembroke dans les différences singulières que l'on remarque entre les écussons émaillés et les écussons sculptés sur la pierre. Ces derniers sont burelés de sept pièces, comme le sceau d'Aymar; les autres sont burelés de onze pièces, ainsi que l'usage s'en était établi en France pour les derniers Lusignan. De même, les merlettes qui servent de brisure sont au nombre de neuf dans les écussons sculptés et dans le sceau, tandis que sur le bouclier du comte elles sont portées au nombre de vingt. L'émailleur a, de plus, fait courir un léger et élégant rinceau sur les étroites bandes d'azur qui alternent avec des bandes d'or dans l'écusson burelé des

Lusignan ; mais je ne vois dans cette licence qu'un caprice de l'artiste et un ornement de fantaisie.

Un artiste anglais, M. Burges, dont on se rappelle les succès au concours de Lille, m'a indiqué, à Westminster, un autre tombeau très-mutilé, dans lequel il croit reconnaître les caractères d'une œuvre de Limoges. La statue est en bois en effet, et a été revêtue de feuilles de cuivre enlevées maintenant en entier ; mais on ne comprend pas comment ce revêtement pouvait être émaillé, car le costume est celui d'un simple moine. D'ailleurs, on ignore le nom du religieux de haute naissance auquel cette tombe a été élevée, ou du prélat qui a voulu, par humilité, être ainsi représenté. Ce pourrait être, ce me semble, un autre Aymar de Valence, évêque de Winchester en 1160 (1) et le propre frère de Henri III, si le lieu de sa sépulture n'est pas positivement connu. Ce qui est certain, c'est que c'était un grand personnage, car il a été enterré dans une place plus honorable qu'Aymar de Pembroke, dans l'enceinte même du chœur, entre les deux piliers qui sont le plus à l'est ; et aujourd'hui les Anglais, toujours respectueux, se gardent bien de déplacer cette statue informe d'un inconnu.

A côté de ces productions plus ou moins authentiques de l'École limousine, il y a à Westminster d'autres tombeaux en métal de la même époque, mais d'un genre tout différent et d'origine purement anglaise, qui sont loin de me paraître inférieurs à ceux que nous venons d'étudier. Telle est la statue de la reine Éléonore, épouse d'Édouard Ier., qui a dû être faite, comme celle du comte de Pembroke, dans les dernières années du XIIIe. siècle. Elles sont correctes l'une et l'autre ; mais quelle différence dans la grâce, l'expression,

(1) Selon Corlieu, il résigna son évêché à un de ses neveux, nommé aussi Aymar.

le mouvement et l'élévation de style de ces statues ! La raideur, la sécheresse de l'image de Pembroke tiennent sans doute en partie au procédé d'exécution, quoique les mêmes défauts, bien plus choquants dans les statues de Royaumont, le soient bien moins dans certains ouvrages au repoussé faits en plein XIVe. siècle ; mais l'éclat des émaux ne les compense qu'imparfaitement : il n'est personne qui ne préfère la statue d'Éléonore coulée en bronze d'un seul jet et uniformément dorée. Elle a coûté plus cher, parce que la matière première y est employée en quantité dix ou vingt fois plus considérable ; mais aussi, comme l'artiste a été plus à l'aise pour réaliser l'idéal qu'il avait en vue ; comme il a créé une œuvre plus solide et plus durable !

En résumé, la statue de Pembroke qui, je n'en doute pas, a été faite à Limoges, se rapporte à un procédé exceptionnel, singulier, ingénieux, brillant si l'on veut. La statue d'Éléonore révèle en Angleterre un art plus mâle, plus sûr de lui-même, et, pour tout dire en un mot, plus avancé.

De ce que l'émaillerie limousine a envoyé en Angleterre, dans la seconde moitié du XIIIe. siècle, deux ou trois tombeaux pour des personnages dont l'un au moins était plus limousin qu'anglais, il ne faut pas conclure que tous les monuments funéraires où l'émail tient une place quelconque, aussi petite qu'on la suppose, sont l'œuvre de nos émailleurs. On avait fait des émaux en Angleterre avant que l'abbaye de Wutgam eût reçu de Limoges des couvertures d'évangéliaires. On en a fait aussi depuis Gauthier de Rochester et Aymar de Pembroke. A toutes les époques, un art si simple et qui n'avait rien de secret a dû se propager dans une certaine mesure. Ainsi, quand nous rencontrons à Warwick quelques écussons émaillés, quatorze, je crois, employés à varier le soubassement en bronze doré d'un tombeau magnifique, et tel que ni le Limousin ni la France entière n'en ont point d'aussi beau au XIVe. siècle, pourquoi nous figurer qu'on a eu besoin de faire venir de Limoges ces menus accessoires, malgré la guerre, malgré la politique ? Lorsque, dans le tombeau du Prince noir à Cantorbéry, nous trouvons, outre les écussons émaillés, un ceinturon égayé par quelques émaux, comment le détacher de la statue avec laquelle il fait corps, statue évidemment anglaise comme l'architecture de son soubassement? — Il suffit de savoir qu'en blason émail est synonyme de couleur pour comprendre que les armoiries émaillées se faisaient à peu près partout. D'ailleurs, il existe, au XIVe. siècle, une espèce d'émail qu'on appelle à Paris « émail d'Angleterre ». Pour créer un genre particulier, ne fallait-il pas commencer par faire de l'émaillerie ordinaire ?

Revenons aux tombeaux limousins à date certaine. On sait qu'il en fut fait deux pour la Bretagne, après l'époque où la vicomté de Limoges fut portée par un mariage dans la maison ducale de ce pays. Mais ces monuments, élevés à la duchesse Blanche (1) et à Jeanne d'Avaugour, ne sont plus connus que par des textes ; on n'en a pas même de descriptions.

M. de Lasteyrie nous dit que « les tombes des comtes de « Champagne, ces voisins immédiats de la Lorraine et presque « de l'Allemagne, étaient ornées, on le sait, d'émaux exé- « cutés à Limoges » (2). Il y a dans cela quelque chose de vrai ; car, en 1267, le jour de l'octave de saint Luc, Gui, prieur de Grandmont, écrivait à Thibaud V, comte de Champagne et roi de Navarre, pour le prier de payer à Jean Chatelas, bourgeois de Limoges, le prix du tombeau de Thibaud IV, son père (3). Mais il y a aussi des erreurs que j'ai contribué moi-même à propager.—Il existait à St.-Étienne de

(1) Il résulte d'un document publié par M. le baron de Wismes, que cette tombe coûta 450 livres.

(2) *Bulletin arch. du Limousin*, p. 114.

(3) *Émailleurs de Limoges*, p. 83.

Troyes deux splendides tombeaux des comtes de Champagne, et ce sont les seuls qui soient célèbres, les seuls que l'on connaisse par de minutieuses descriptions, les seuls enfin dont on sache positivement qu'ils étaient décorés d'émaux.

Le premier, qui renfermait la dépouille mortelle du comte Henri Ier., le Libéral, avait l'aspect d'une grande châsse à jour, dans l'intérieur de laquelle se trouvait une statue couchée. Cette statue était en bronze doré comme l'ensemble du tombeau ; mais le dessus de la châsse offrait deux statuettes, l'une de Henri Ier., l'autre de saint Étienne, en demi-relief et en argent. Elles se trouvaient de chaque côté d'une grande croix, dont le sommet portait un sujet émaillé, tiré des Prophéties d'Isaïe, et quelques figurines aussi en argent. Tous les autres émaux, disposés par petites plaques, alternaient sur les frises avec des ornements ciselés comme dans la châsse des Trois-Rois, à Cologne. Aucun doute n'est possible à cet égard ; car on a de ce tombeau non-seulement une description, mais un ancien dessin très-étudié, dont M. Gaucherel a tiré une belle gravure (1). On a aussi conservé les inscriptions, dont l'une nous apprend que le tombeau d'Henri Ier. avait été élevé par sa veuve Marie, fille de Louis VII :

Principis egregios actus Maria revelat,
Dum sponsi cineres tali velamine velat.

Henri-le-Libéral, ou le Large, mourut en 1180. Selon toute apparence, sa tombe fut commencée immédiatement après ; et, chose remarquable ! pendant que la comtesse Marie s'occupait de ce monument, sa mère, la reine Adèle, en élevait un pareil dans l'abbaye de Barbeau à la mémoire de Louis VII, mort aussi en 1180. On sait du moins qu'il était en cuivre et

(1) *Ann. arch.*, t. XX, p. 80.

en argent, et qu'il avait été fait *arte nova* ; ce qui paraît se rapporter à l'emploi des émaux.

Le second tombeau de St.-Étienne de Troyes était celui de Thibaud III, mort en 1201. Sa forme générale, plus rapprochée du type qui prévalut dans les derniers siècles du moyen-âge, était celle d'un sarcophage massif surmonté d'une statue couchée et entouré de statuettes disposées dans des niches. Les métaux précieux y étaient employés en bien plus forte quantité, car non-seulement la grande statue du comte, mais les dix statuettes du sarcophage, le fond des niches et une partie de l'ornementation étaient en argent. Du reste, l'analogie était évidente entre les deux tombeaux de St.-Étienne ; et, par exemple, les émaux en petites plaques alternaient à l'allemande avec des feuillages sculptés, et ne jouaient qu'un rôle de plus en plus secondaire. La statuaire et la sculpture d'ornement faisaient presque tous les frais de la décoration, qui était merveilleusement riche par le dessin comme par la matière.

Tel était le splendide monument dont M. l'abbé Texier avait voulu faire honneur à l'École limousine et à l'émailleur Jean Chatelas. Les cendres de Thibaud IV, disait-il (1), avaient été réunies dans la même tombe à celles de Thibaud III, et Thibaud V, fils de l'un et petit-fils de l'autre, n'avait acquitté qu'en 1267 ce double tribut de piété filiale.

En effet, l'effigie de Thibaud IV se voyait sur le tombeau de son père, et c'est la seule explication que je puisse trouver à l'évidente confusion dans laquelle était tombé M. Texier ; mais il était représenté en petit enfant, avec sa sœur Marie et dans la même niche, au même titre que Louis VII, Henri Plantagenet et Sanche-le-Fort, c'est-à-dire comme membre

(1) *Dictionnaire d'orfèvrerie*, p. 1400.

de la famille du défunt. Aussi, l'inscription qui accompagne les deux enfants est-elle ainsi conçue :

> Dat pro patre duos Deus hos flores adolere
> Ut tibi ver pacis Campania, constet habere (1).

D'ailleurs, une autre inscription attribue expressément à Blanche de Navarre, veuve de Thibaud III, l'exécution du tombeau :

> Hoc tumulo, Blancha, Navarræ regibus orta,
> Dum comitem velat, quo ferveat igne revelat.

C'est la même formule que pour le tombeau d'Henri Ier., comme c'est la même origine et le même style d'émaillerie. M. de Lasteyrie n'hésitera donc pas à reconnaître que nous nous égarions tous les deux sur les pas de M. l'abbé Texier. Aussi bien, il était vraiment incroyable qu'un émailleur quelconque eût été assez riche pour faire l'avance du prix d'un tombeau d'argent. Cela se conçoit au contraire pour un tombeau de cuivre, comme était probablement celui de Thibaud IV (2), et encore l'artiste attendait-il impatiemment la restitution de ses déboursés.

Du reste, je suppose volontiers avec M. de Lasteyrie que cette tombe de Thibaud IV était rehaussée d'émaux. Néanmoins nous ne le savons pas positivement : j'ignore même, pour ma part, où elle avait été érigée et ce qu'elle est devenue. Enfin, je me demande si, au lieu de se trouver à Troyes « dans le voisinage immédiat de l'Allemagne, » elle n'était pas à Pampelune avec celles des autres rois de Navarre; car c'est dans cette capitale que Thibaud IV mourut en 1253. Dans ce

(1) *Annal. arch.*, t. XX, p. 94.

(2) Thibaud V avait mis si peu de zèle à élever le tombeau de son père, qu'il ne devait point avoir imité les prodigalités de Marie de France et de Blanche de Navarre.

cas, il était naturel que Thibaud V s'adressât de préférence aux émailleurs d'une ville où il passait fréquemment et où il revint en 1269, lorsqu'il apporta aux moines de Grandmont les reliques de saint Macaire. Le texte de 1267 ne prouverait donc rien pour l'origine des magnifiques tombeaux élevés à Troyes soixante et quatre-vingts ans auparavant dans des circonstances tout-à-fait différentes. Ils se rattacheraient plutôt sinon à l'École germanique, qui ne faisait pas de tombeaux, du moins à l'École franco-allemande de nos provinces du Nord.

Parmi tous les émaux cités par M. de Lasteyrie, on voit qu'il n'en est réellement aucun qui soit daté d'une manière précise et certaine. Quand nous avons un texte, le monument s'est perdu, et quand nous possédons des monuments, ce sont les textes qui manquent.

M. de Lasteyrie veut-il mieux savoir ce que j'entends par un émail limousin à date certaine? Enfin, j'en connais un, mais depuis bien peu de temps. C'est M. Jules de Verneilh, mon frère, qui l'a découvert l'hiver dernier dans la sacristie de Nexon. On lui avait recommandé d'y voir un coffret, sans date, mais remarquable par ses figurines en relief et néanmoins émaillées. Il aperçut dans le fond de la même armoire un buste d'évêque, de grandeur naturelle, dont les émaux étaient peu apparents à distance, mais qui avait tout l'air d'une bonne sculpture gothique. En effet, sur le revers du collet était gravée une curieuse inscription que personne n'avait lue depuis des siècles et dont on ignorait le sens à Nexon même, quoique ses abréviations soient faciles à comprendre, ainsi que le montrera le fac-simile suivant (V. page 46) :

On voit que si, à la différence des Allemands, les monuments émaillés des Limousins sont « des œuvres modestes où toute personnalité s'efface devant Dieu (1) », la règle souffre

(1) *Bulletin arc. du Limousin*, p. 109.

d'assez notables exceptions. L'émailleur Aymeric de Chrétien, dans son naïf orgueil, dit tout haut son nom ; il repète deux fois celui du donateur, Guy de La Brugière, et trois fois celui de sa ville de Limoges

On remarquera que notre émailleur met un I pour E dans son nom d'Aymeric, et qu'il commence son surnom de Chrétien par deux lettres grecques, comme on le fait pour *Christus.* Dans le mot DICTI, à l'avant-dernière ligne, certain signe d'abréviation est tracé de telle sorte que le C barré devient, par mégarde, un E incontestable.

L'ancien nom latin de Nexon est *Ancxonium;* on en a

d'autres preuves. La paroisse de St.-Martin-le-Vieux, dont il est question dans l'inscription, est à 8 kilomètres au nord-ouest de Nexon : à l'aide des cartes de Cassini, on constate qu'il s'y trouve un hameau de La Brugière, ancien domaine ou lieu de naissance du curé donateur. Comment le chef de saint Ferréol, évêque de Limoges au VIe. siècle, était-il possédé par une église de campagne ? C'est ce qu'explique très-bien un passage du P. Bonaventure de Saint-Amable. A l'époque où les reliques fuyaient les grandes villes, devant les invasions normandes, et se retiraient dans les châteaux les plus forts du pays, le seigneur de Lastours se chargea de protéger contre les profanations le chef de saint Ferréol qu'il garda ensuite, et que ses descendants finirent par donner à l'église de Nexon, la plus importante qu'offrît leur baronnie.

Après le texte, examinons le monument. — M. Jules de Verneilh l'a dessiné avec le plus grand soin, de face et de profil, et s'est plu à le graver sur cuivre. On pourra donc juger du talent d'Aymeric de Chrétien. Il n'avait pas fait précisément un chef-d'œuvre. La tête de saint Ferréol ressemble plutôt au portrait de quelque jeune évêque, un peu mondain, du XIVe. siècle, qu'à l'image idéale d'un saint. Ses moustaches sont retroussées et sa barbe frisée avec trop de recherche. La figure me paraît courte et la physionomie singulière. Mais le buste est modelé au repoussé avec beaucoup de précision et retouché au ciselet avec une grande finesse. Il faut louer aussi la forme originale du plateau sur lequel repose le chef de saint Ferréol. Elle serait digne d'être imitée, car elle s'adapte parfaitement à l'ovale de la poitrine et ne manque pas d'élégance. On remarquera que la croix pectorale du saint évêque s'étale sur une des ogives saillantes du plateau. La mitre, ornée de cabochons et de riches ciselures, est mobile et s'enlevait pour laisser voir le crâne du saint que l'église de Nexon conserve toujours, mais dans un autre reliquaire en argent d'origine assez récente. En regardant à l'intérieur de la tête, on observe qu'elle est formée de plusieurs pièces de cuivre jaune, assemblées et soudées avant la dorure.

Quant aux émaux, ils se réduisent à l'inscription, dont tous les creux sont remplis d'émail vert, et aux quatre-feuilles tracés sur le devant et sur le derrière de la mitre. Les fonds de ces quatre-feuilles sont aussi de couleur verte avec quelques points rouges noyés dans la pâte. Il en est de même des nimbes et des terrains, dont la nuance est seulement un peu plus claire. Les figures sont réservées dans le métal et tous les traits sont rehaussés d'émail rouge, comme c'est l'usage au XIVe. siècle. A cela près, la méthode suivie par Aymeric de Chrétien n'a pas varié depuis 150 ans. Il n'a nullement essayé, par exemple, de faire des émaux translucides, ainsi qu'on en faisait alors en Italie et à Paris. Les siens sont parfaitement opaques et même assez ternes de ton.

Le chef de saint Ferréol n'en est pas moins une œuvre très-précieuse à tous égards, et vous vous féliciterez, Messieurs, qu'elle ait été conservée dans l'église même pour laquelle elle avait été faite. Elle a plus de prix à Nexon que partout ailleurs, et vous direz avec moi qu'elle doit y rester toujours. Elle est en assez bon état pour reprendre sa première destination; mais, en fût-il autrement, la fabrique devrait encore la garder, quelque prix qu'on en offrît. C'est un modeste trésor que celui de Nexon; mais, grâce au chemin de fer, il aura ses visiteurs comme ceux de Conques et d'Essen, et il fera honneur à la paroisse qui le possède.

Le désir de vous décrire des monuments à peu près inconnus, qui tous intéressent l'histoire de l'émaillerie limousine, vient encore de m'entraîner dans trop de détails; mais cette digression sera la dernière.

Je résume en ses points essentiels et je me hâte d'achever ma réponse à M. de Lasteyrie.

Les émaux primitifs, autant qu'il est permis de préciser leur origine, ont pris naissance dans la partie des Iles-Britanniques qui restait étrangère à la domination romaine, et se sont surtout propagés dans la Grande-Bretagne. Le commerce s'en est emparé bientôt et les a répandus sur une foule de points; mais plutôt dans le nord que dans le sud de la Gaule, plutôt sur les côtes que dans l'intérieur. Il s'en est trouvé trois exemples, dont un seul important, jusque dans la région qui avoisine Limoges; mais rien n'autorise à affirmer que cette ville était un des centres de fabrication. La France mérovingienne et carlovingienne conserve l'idée des émaux, mais sans en tirer parti. Elle se borne, à en juger par les monuments et par les descriptions anciennes, à des incrustations grossières de verre coulé ou à des incrustations de verre taillé plus grossières encore (1). Byzance seule fait de l'émaillerie un *art* si fécond, si avancé, qu'il n'y a désormais rien de mieux à faire que de l'imiter dans la mesure du possible. Les émaux cloisonnés sur fond d'or, les émaux à personnages, créés depuis long-temps par les Byzantins, apparaissent en Allemagne vers la fin du Xe. siècle et sous des influences byzantines. Un peu plus tard, à la fin du XIe. siècle, ils se montrent en Aquitaine avec le même aspect, les mêmes caractères, et probablement sous les mêmes influences. Là aussi le contact des Byzantins semble raviver et féconder, sinon créer l'émaillerie, dont les procédés sont d'abord, dans tous les cas, pleinement analogues à ceux des artistes grecs.

Les émaux sur cuivre et en taille d'épargne viennent après, dès le milieu du XIe. siècle en Allemagne; au XIIe. siècle, en Limousin. Jusqu'aux premières années du XIIIe. siècle,

(1) Ce sont seulement les incrustations qui sont grossières, car l'orfévrerie est parfois d'une étonnante perfection, comme le montre le magnifique ouvrage de M. Baudot, sur les sépultures mérovingiennes.

l'École allemande garde l'avantage pour la priorité des inventions, pour l'abondance et la perfection des produits ; mais bientôt, à l'avènement du style gothique, elle se restreint et s'efface devant l'orfévrerie sculptée, puis elle disparaît tout-à-fait ; tandis que l'École limousine, appuyée sur l'industrie et le commerce, devient plus prospère, plus féconde et plus populaire que jamais. Elle est même alors la seule qui ait un nom, la seule dont parlent les inventaires et les lettres familières, parce qu'en étendant singulièrement les applications de l'émail, elle a ajouté aux grands reliquaires et aux rétables, faits sur commande et le plus souvent sur place, une foule de menus objets destinés à l'exportation ; parce qu'elle constitue pour la première fois *un art industriel.* Au XIVe. siècle, l'École limousine s'attarde et s'éclipse, sans s'éteindre, comme l'art français sont entier. Je ne crois pas, par exemple, que Limoges puisse disputer à la Toscane l'invention des émaux translucides sur relief; mais, pour les émaux sur apprêt, pour la vraie peinture en émail, qui débute dans la seconde moitié du XVe. siècle pour briller du plus vif éclat à la Renaissance, Limoges jouit réellement d'un monopole complet. Alors vos artistes remplissent toute la France de leur légitime renommée. Ils travaillent pour l'Allemagne elle-même, et, chose incroyable! si elle n'avait pas été établie par M. Maurice Ardant (1), lorsqu'un de vos émailleurs les plus célèbres, Pierre Raymond ou Rexmond, fait des envois à certains riches négociants de Nuremberg, il donne à son nom une désinence germanique en signant P. Rexmann.

Si ces opinions finissent par prévaloir, sinon dans tous leurs détails, du moins dans leur ensemble, comme je n'en doute guère, le mécompte qu'éprouveront les savants du Limousin sera-t-il donc si douloureux ? Il me semble, Messieurs, que

(1) *Bulletin de la Société archéologique du Limousin*, t. XII, p. 119.

l'Allemagne, l'Angleterre et, parmi nos provinces françaises, la Normandie, en ont supporté de plus graves à mesure que l'histoire de l'architecture chrétienne s'est éclaircie. Pourquoi mettrions-nous seuls de l'amour-propre à nous obstiner dans des prétentions qui ont paru long-temps fondées, mais qui ne le sont plus, et qui, du reste, nous avaient été suggérées par des archéologues étrangers à notre province? Les émaux limousins eurent autrefois, et M. de Lasteyrie convient que c'était à tort, « le monopole de la célébrité. » On n'en connaissait, on n'en voyait pas d'autres. Depuis, on s'est aperçu successivement qu'il existait à Venise, puis dans l'Allemagne méridionale, puis dans l'Allemagne du Nord, puis dans l'Anjou, l'Ile-de-France et l'Angleterre, beaucoup d'émaux datés qui paraissent plus anciens et plus beaux que les premiers émaux limousins, tous sans date positive. Il fallait bien en venir à se demander si ces diverses écoles d'émaillerie étaient indépendantes les unes des autres, malgré l'analogie de leurs procédés et la ressemblance de leurs produits; si, en cas de parenté, l'École limousine avait réellement donné naissance aux autres. Or, il se trouve qu'en fait d'émaux incrustés, les seuls dont il s'agisse ici, ceux de Venise, ou pour mieux dire de Byzance, sont à la fois les plus vieux et les plus parfaits de tous. A la vérité, ils sont tous cloisonnés sur or et sur vermeil, sauf quelques exceptions relativement modernes; mais ce procédé d'exécution règne aussi aux débuts de l'émaillerie allemande et de l'émaillerie limousine ou française. C'est peu à peu, et pour permettre de vulgariser les émaux, que le cuivre doré se substitue à l'or et le travail champlevé au travail cloisonné.

Voilà, je le répète, comment la question se présente pour ceux qui tiennent à faire de l'archéologie avec les monuments. Cela ne veut pas dire qu'on se passera du secours des textes, mais que l'on commencera par découvrir et par étudier des monuments avant de les confronter avec les textes. L'expression est consacrée dans ce sens, et elle caractérise très-bien la méthode qui prévaut aujourd'hui dans toutes les branches de l'archéologie. — Ces principes, qui doivent être ceux de M. de Lasteyrie, ne l'ont pas empêché de retracer l'histoire de l'émaillerie limousine pendant une période de huit siècles qui n'a laissé ni monuments ni textes. Moi-même, je m'étais permis pareille hardiesse, mais seulement pour un siècle ou deux. Peut-être aurait-il été plus logique de dire, ainsi que M. Darcel l'a fait depuis (1), que les émaux limousins avaient dû imiter les émaux champlevés de l'Allemagne ; car, en trente ans comme en cent ou cent cinquante, une industrie peut, à la rigueur, s'importer, se développer, se spécialiser, et dès lors le mot de tablettes de Limoges, employé pour la première fois vers l'an 1170, à propos d'un objet émaillé envoyé en Angleterre, n'enlevait guère de son importance au grand emprunt artistique que Suger a fait à l'Allemagne.

La présence d'une colonie vénitienne à Limoges et quelques autres indices m'avaient engagé à recourir, pour les émaux limousins comme pour les émaux allemands, à une influence byzantine directe, et déjà l'étude du trésor de Conques nous permet de reculer de cinquante ans au moins, c'est-à-dire bien au-delà des travaux de Suger, l'existence authentique, sinon à Limoges, du moins en Aquitaine, d'une école d'émaillerie, toute française par l'iconographie et le dessin, toute byzantine par le procédé d'exécution et le travail cloisonné.

Le parallélisme est donc complet entre l'École limousine et l'École allemande ; mais, dans toutes ses évolutions, cette dernière conserve une incontestable priorité. Pour l'ancienneté relative de ses émaux cloisonnés, pour le retour au procédé des barbares et au travail champlevé, pour la substitution

(1) *Excursion artistique en Allemagne*, par A. Darcel, Paris, 1862, chez V. Didron, p. 206.

des figures réservées en métal sur fond d'émail aux figures en émail sur fond doré, l'Allemagne est toujours en avance. Mais, comme ces changements, loin d'être dus au caprice ou au hasard, tiennent à des causes sérieuses et à des déductions logiques (1), les deux écoles restent parfaitement indépendantes.

D'ailleurs, l'antériorité de l'émaillerie allemande est si positive que presque tous ses produits sont de style roman, tandis qu'il reste très-peu d'émaux de Limoges qui ne soient de style gothique, ou tout au moins de style de transition ; et cependant la transition et le style gothique, en fait d'architecture, ne commencent pas plus tôt pour le Limousin que pour l'Allemagne.

Il me reste à me disculper d'un reproche qui me serait très-sensible, si on le trouvait fondé, et auquel je viens de m'exposer plus que jamais, celui d'avoir manqué aux devoirs du patriotisme provincial : « Qui se serait attendu, » s'écrie M. de Lasteyrie, dans une sorte d'indignation, « à ce que « Limoges, resté jusque-là si impassible au milieu de ces con- « testations, dût les voir bientôt se reproduire dans son sein « et s'y formuler même d'une façon plus absolue qu'elles ne « l'avaient fait jusque-là ? C'est pourtant ce qui a eu lieu « naguère aux assises que Messieurs de l'Institut des provinces « sont venus tenir dans cette ville, et encore cette attaque « est-elle venue d'un savant que le Limousin est presque en « droit de considérer comme un de ses enfants, d'un voisin « bien proche, d'un fils de cette province sœur que la Société « archéologique de Limoges s'est toujours plu à embrasser « dans le cercle de ses travaux, etc. (2). »

Vous le savez tous, Messieurs, les liens qui m'attachent au Limousin sont plus étroits encore que ne le croit M. de Las-

(1) *Les arts industriels*, p. 33 et suiv.

(2) P. 114.

teyrie, et je reconnais que mes obligations patriotiques, pour se partager entre deux provinces, ne sont diminuées envers aucune d'elles. Cependant je crois n'avoir rien à me reprocher à cet égard. Si j'ai été plus « absolu » au Congrès de Limoges que M. Labarte ne l'avait été dans son livre, c'est que je connaissais les émaux d'Essen; si, aujourd'hui, je suis plus absolu encore, c'est que je connais mieux les émaux primitifs de Londres et les émaux cloisonnés de Conques. Fallait-il vous dissimuler ce que je crois être la vérité la plus évidente? — Mais quand on pose publiquement une question dans un Congrès scientifique, apparemment on la considère douteuse, et on doit s'attendre à ce qu'elle soit envisagée sous plus d'une face, même par les gens du pays. M. de Lasteyrie, pourtant, ne leur reconnaît pas ce droit; et, d'un autre côté, il exclut aussi les étrangers, pour peu qu'ils aient chez eux des émaux; car il récuse d'avance l'opinion de M. de Quast sur l'antériorité des émaux allemands, en le félicitant de ne l'avoir pas exprimée. Il ne resterait donc pour juges que les indifférents, ceux qui n'étaient pas à portée d'étudier la question, et qui, le plus souvent, la connaissent à peine.

Pour moi, je n'exclus et je ne récuse personne. Il n'y a qu'une archéologie: chaque pays ne peut avoir la sienne. Tout se tient, tout se lie en pareille matière. Il faut, pour chaque grande question, constater un à un tous les faits, en quelque lieu qu'ils se soient produits. Avant de placer une opinion quelconque en dehors et au-dessus de la discussion, il faut avoir recueilli tous les témoignages, sans égard aux barrières de douanes. En archéologie, le patriotisme de bon aloi consiste, selon moi, à rechercher patiemment les titres artistiques de son pays, de sa province, puis à les mettre en lumière le plus possible; — et je doute que cette préoccupation soit plus constante dans les écrits de M. de Lasteyrie que dans les miens. — Mais fermer les yeux sur les titres d'autrui, sur les gloires des autres nations et des autres provinces, c'est ce qu'on ne doit pas faire et ce que je tâche d'éviter pour mon compte.

Il y a plus de bonne foi parmi nous que ne le suppose M. de Lasteyrie : « Ce n'est pas à un Anglais, » dit-il, que l'on s'adresserait, s'il « s'agissait de consacrer l'antériorité des « découvertes de Denis Papin ou de Salomon de Caux. » Et pourquoi non? Moi, j'ai l'esprit ainsi fait que les droits de nos compatriotes à l'invention de la vapeur me paraîtront bien plus sérieux quand ils seront reconnus dans le pays de Watt.

N'oublions pas que les Allemands nous ont donné l'exemple de la loyauté la plus scrupuleuse dans l'archéologie internationale. Sur une question bien autrement importante que celle de l'antériorité des émaux du Rhin, et à une époque où on ne croyait guère en France à l'origine française de l'architecture ogivale, M. Mertens, de Berlin, nous accordait cette gloire, ou, pour mieux dire, il nous l'offrait. Parmi les savants qui ont contribué depuis à faire connaître dans tous ses développements ce grand fait, si flatteur pour notre amour-propre national (car il est vraiment capital dans l'histoire de l'art), on compterait autant d'Allemands que de Français : M. Schnaase et M. de Quast, par exemple. Un des ouvrages de ce dernier (1) est spécialement destiné à montrer, par son texte et par ses gravures, que les sources auxquelles a puisé l'architecte de la cathédrale de Cologne ne se trouvent point en Allemagne, mais qu'elles remontent, par Amiens, Soissons et Paris, jusqu'à St.-Germer, cette pauvre abbaye du département de l'Oise.

Après cela, je ne vois pas pourquoi nous ne permettrions pas à M. de Quast d'avoir une opinion sur les émaux limousins, comme on m'a permis en Allemagne d'en avoir une sur

(1) Die entwicklung der Kirchlichen Baukunst des Mittelalters. Berlin, 1858, chez Ernst et Korn.

le dôme de Cologne. Chacun de nous a ses préventions, et je ne crois pas que M. de Quast en soit exempt tout-à-fait; mais toutes les fois qu'il s'agira de juger en pleine connaissance de cause les titres de gloire de l'art français du moyen-âge, qui est en même temps l'art chrétien par excellence, pour les contester sans passion ou les admettre de bonne grâce, je me fierai plutôt à M. de Quast qu'à la plupart des membres de l'Institut, fussent-ils à la fois, comme M. Beulé, des deux Académies des inscriptions et des beaux-arts.

Je regrette, Messieurs, de ne pas reconnaître par plus de déférence l'honneur que M. le comte de Lasteyrie nous a fait à tous et la courtoisie dont il a usé envers moi. Mais je ne saurais me défendre à demi, ni abandonner sur aucun point essentiel l'opinion que j'avais embrassée, lorsque les faits qui se découvrent de jour en jour viennent tous la confirmer. Je vous avais conseillé, non pas durement, ce me semble, mais franchement, de ne plus croire à l'antériorité, à l'universalité des émaux limousins, et de vous borner à soutenir qu'ils sont indépendants de l'École allemande : — ce qui ne serait pas déjà sans difficultés. — C'est ce que je vous conseillerais encore, avec une conviction de plus en plus assurée, si vous n'aviez pas reçu dans un autre sens des avis plus autorisés et plus agréables que les miens. Conservez donc vos anciennes prétentions, et, ce qui sera plus méritoire, efforcez-vous de les faire accepter, comme des droits, par le public archéologique, qui paraît de moins en moins disposé à les accueillir. Personne ne se réjouira plus sincèrement que moi de vos succès. Qu'il me soit permis seulement de ne pas vous suivre dans une entreprise que je juge impossible.

Caen, typ. de A. Hardel.

EXTRAIT
DU CATALOGUE DE LA LIBRAIRIE DE A. HARDEL,

IMPRIMEUR-LIBRAIRE, RUE FROIDE, 2,

A CAEN.

ABÉCÉDAIRE ou RUDIMENT D'ARCHÉOLOGIE (architecture religieuse); par M. DE CAUMONT. 1 vol. in-8°. orné de 600 vignettes. Pr. : 7 fr. 50.

ABÉCÉDAIRE ou RUDIMENT D'ARCHÉOLOGIE (architectures civile et militaire), par M. DE CAUMONT. 1 vol. in-8°. orné d'un grand nombre de vignettes. Prix : 7 fr. 50.

ABÉCÉDAIRE D'ARCHÉOLOGIE (ère gallo-romaine). 1 vol. in-8°., orné d'un grand nombre de vignettes. Prix : 7 fr. 50 c.

COURS D'ANTIQUITÉS MONUMENTALES, par le Même. 6 volumes in-8°. et atlas; chaque volume se vend séparement avec un atlas. Prix : 12 fr.

BULLETIN MONUMENTAL ou collection de Mémoires et de renseignements pour servir à la confection d'une statistique des monuments de la France, classés chronologiquement, par M. DE CAUMONT, 1re. série, 10 vol. in 8°.; 2e. série, 10 vol. in-8°. ornés d'un grand nombre de planches. Prix de chacun : 12 fr. On fait une remise aux personnes qui prennent une série entière.

STATISTIQUE MONUMENTALE DU CALVADOS, par M. DE CAUMONT. In-8°. avec planches et un grand nombre de vignettes. Quatre volumes ont paru. Prix de chacun: 10 fr.

FLORE DE LA NORMANDIE, par M. DE BRÉBISSON, membre de plusieurs Sociétés savantes. — PHANÉROGAMIE. 1 vol. in-12. Troisième édition. Prix: 6 fr.

MÉMOIRES DE LA SOCIÉTÉ DES ANTIQUAIRES DE NORMANDIE, 2e. série, 9 vol. in-4°. Prix de chacun : 15 fr.

ANTIQUITÉS DE LA VILLE DE CAEN, par M. DE BRAS, 1 gros vol. in-8°. sur raisin. Prix : 10 fr.

GLOSSAIRE DU PATOIS NORMAND, par M. LOUIS DU BOIS; augmenté des deux tiers, et publié par M. JULIEN TRAVERS. 1 volume in-8°. Prix: 10 fr.

CAEN, PRÉCIS DE SON HISTOIRE, SES MONUMENTS, SON COMMERCE ET SES ENVIRONS; par M. G.-S. TREBUTIEN. 2e. édition, revue et considérablement augmentée. Prix: 1 fr. 50 c.

HISTOIRE DE L'ABBAYE DE SAINT-ÉTIENNE DE CAEN. 1065-1790. 1 vol. in-4°. avec planches, par M. C. HIPPEAU, professeur à la Faculté des lettres de Caen. Prix : 15 fr.

www.ingramcontent.com/pod-product-compliance
Lightning Source LLC
LaVergne TN
LVHW011954160826
845678LV00002B/532

* 9 7 8 2 3 2 9 6 7 9 2 7 3 *